中国高等教育学会
2022年度高等教育科学研究规划课题“新农科普通高等学校涉农专业理科基础课程体系、课程思政与教材建设研究(22NL0418)”项目教材

普通高等教育“十四五”规划教材

Inorganic Chemistry Experiment

无机化学实验

冉红涛 刘雪科 徐善东 ◉ 主编

中国农业大学出版社
· 北京 ·

内容简介

本书依据“新农科普通高等学校涉农专业理科基础课程体系、课程思政与教材建设研究”项目组拟定的《高等农林院校数学类 物理类 化学类 力学类教学基本要求》编写而成。全书共三章，涉及无机化学实验目的和要求、基本常识和基本操作以及实验（含基础实验、综合实验和设计实验）等内容。

本书可作为高等农林院校园艺、食品科学、环境科学与工程、林业工程等专业本科生的“无机化学实验”课程教科书，也可作为土木、机械和车辆工程等未独立开设化学实验课程专业本科生的实验教学参考书。

图书在版编目（CIP）数据

无机化学实验 / 冉红涛，刘雪科，徐善东主编．北京 ：中国农业大学出版社，2025．6．-- ISBN 978-7-5655-3467-6

Ⅰ. O61-33

中国国家版本馆 CIP 数据核字第 2025RG7829 号

书　名　无机化学实验
　　　　Wuji Huaxue Shiyan
作　者　冉红涛　刘雪科　徐善东　主编

总 策 划	董夫才　宋俊果　王笃利	**策划编辑**	何美文
责任编辑	何美文	**封面设计**	乐同设计工作室
出版发行	中国农业大学出版社		
社　　址	北京市海淀区圆明园西路 2 号	**邮政编码**	100193
电　　话	发行部 010-62733489，1109	读者服务部	010-62732336
	编辑部 010-62732617，2618	出　版　部	010-62733440
网　　址	http://www.caupress.cn	**E-mail**	cbsszs@cau.edu.cn
经　　销	新华书店		
印　　刷	北京溢漾印刷有限公司		
版　　次	2025 年 6 月第 1 版　　2025 年 6 月第 1 次印刷		
规　　格	185 mm×260 mm　　16 开本　　8.5 印张　　201 千字		
定　　价	28.00 元		

编审人员

主　编：冉红涛（北京林业大学）

刘雪科（中国农业大学）

徐善东（北京林业大学）

副主编（按姓氏笔画顺序）：

王　超（北京林业大学）

张　楠（南京农业大学）

杨悠笛（北京林业大学）

编　者（按姓氏笔画顺序）：

王　超（北京林业大学）

冉红涛（北京林业大学）

龙海涛（甘肃农业大学）

刘雪科（中国农业大学）

陈晓翠（河北农业大学）

张　楠（南京农业大学）

杨悠笛（北京林业大学）

徐善东（北京林业大学）

郭　丽（东北林业大学）

唐然肖（河北农业大学）

蒙　涛（河北农业大学）

主　审：徐庆红（北京化工大学）

总　序

在新农科建设持续推进的背景下，如何系统加强理科基础课程的教学建设，已成为当前涉农高校共同面临的重要课题。理科基础课程是支撑农业科学发展的重要基础，也是培养学生科学思维、跨学科能力和问题解决能力的关键环节。近年来，随着农业科技的不断进步，数学、物理、化学、力学等基础课程在农业研究与人才培养中的作用日益凸显，课程内容体系也面临更新与拓展的现实需要。

为更好回应新形势下农业高等教育的需求，在中国高等教育学会2022年度高等教育科学研究规划课题"新农科普通高等学校涉农专业理科基础课程体系、课程思政与教材建设研究"的支持下，中国农业大学理学院与中国农业大学出版社联合西北农林科技大学、南京农业大学等40余所涉农高校，共同开展了理科基础课程教学标准研制与教材体系建设的研究工作。课题组在广泛调研高校教学现状、梳理课程核心内容的基础上，组织了多轮专家研讨和意见征询，历经初稿撰写、专题会议论证、专家委员会审核等环节，最终形成《高等农林院校数学类　物理类　化学类　力学类基础课程教学基本要求》并报送教育部教指委备案。该标准既延续了2009年版《普通高等学校农林类专业数理化基础课程教学基本要求》的基本框架，又在内容体系、能力导向、思政融合等方面作了系统更新，为教材编写提供了统一规范和重要参考。教材建设团队依据基本要求着手编写本套"新农科系列教材"，力求在尊重基础、体现规律的前提下，适度融合农业背景，提升教材内容的适用性、系统性和启发性。

一、建设背景与现实意义

长期以来，数学、物理、化学、力学等基础课程在农业人才培养中始终占据着重要地位。但随着新农科建设的不断深入，传统教材和教学模式已难以完全适应交叉融合、实践导向和价值引领等多方面的教育目标。部分课程内容与现代农业的联系较弱，课程目标与专业能力之间的衔接不够紧密，教学资源的系统性和适配性也有待进一步提高。

因此，编写一套符合新农科发展方向、适应新时代农业人才培养需要的理科基础课程教材，既是推动课程内容更新的具体举措，也是加强课程体系规范性、提升教学质量的重要途径。

二、教材建设的总体思路

本套教材的建设工作，遵循"基础为本、适度融合、服务育人"的基本思路，在课程体系设计上注重逻辑严谨、内容适切、表述清晰，在内容选择上既重视基础知识的系统讲授，也关注相关知识在农业领域的应用背景。

教材以《高等农林院校数学类　物理类　化学类　力学类基础课程教学基本要求》为基本依据，结合近年来各高校在教学改革中的经验探索，力求体现以下几个方面的考虑：

坚持基础性。教材内容以系统讲解学科核心理论与基本方法为主，注重知识的条理性和严谨性，力求为学生后续的学习和研究打下扎实基础。

适度融合农业背景。在保持课程学术内核的同时，适当引入农业领域的典型案例或应用背景，帮助学生理解基础知识与专业发展的内在联系。

关注跨学科能力培养。引导学生建立系统思维与数学建模、实验探究等能力，为后续学习和科研提供必要的工具训练与思维准备。

融入价值引导。课程内容中自然嵌入科学精神、责任意识等价值元素，在传授知识的同时，引导学生树立正确的科学态度和社会责任感。

三、教材内容的基本结构

本系列教材覆盖数学、物理、化学和力学四个学科门类，面向涉农专业本科生的基础阶段教学需求，按课程逻辑设计内容模块，力求结构合理、内容严谨、难度适宜。

每门教材均由长期从事一线教学与研究的教师撰写，内容设计充分考虑学生的学习基础和认知特点。除了系统讲解基本概念、定理与方法外，还适当安排了典型例题分析、相关拓展内容、小结与练习，部分教材附带习题解析或参考资料，便于教师教学与学生自学使用。

四、教材的特点与特色

与以往教材相比，本系列教材在保持理科课程学术规范性的基础上，尝试在若干方面进行适度探索和改进：

结构清晰、逻辑严谨。教材整体结构按照从易到难、由浅入深的教学逻辑进行安排，重点突出核心知识点，避免冗余内容，力求使学生在有限课时内掌握必要的基本理论与方法。

语言规范、表述简洁。教材注重语言的准确性与可理解性，力求表述规范、概念清晰，尽量减少语言上的歧义与理解障碍，提高自学与教学的效率。

注重联系实际。在适当位置穿插与农业科学相关的背景材料或实际应用案例，帮助学生理解抽象知识在农业科技中的作用。

体现交叉融合意识。部分教材在适合的内容中引导学生注意数学与物理、化学与生物、力学与工程等学科之间的内在联系，初步培养学生的综合分析与跨学科思考能力。

融入育人导向。在保持自然科学特点的同时，教材在部分章节通过科学史片段、人物事迹或现实科技发展成果，引导学生思考科学精神、学术伦理、社会责任等问题，力求实现知识传授与价值引导的统一。

五、展望与使用建议

本套教材是在全国多所涉农高校教学研究成果基础上共同编写完成的，既有统一的基本框架，又保留了不同高校的教学特点和实践经验。我们希望这套教材能为广大教师开展教学提供一定支持，也为学生的学习和成长提供一个扎实的基础平台。

当然，教材的建设和使用是一个不断完善的过程。由于各高校课程安排和学生基础存在差异，教材在推广使用过程中可能还会面临各种反馈和建议。我们欢迎广大教师和同学在使用过程中提出意见和改进建议，也期待今后能在教材修订与资源建设方面继续加强交流与合作，推动教材内容更加贴近教学实际与时代发展需求。

本套教材的编写和出版，离不开各参与高校、专家教师的支持与指导。我们对各位同人在调研、论证、撰写等环节所付出的辛勤劳动表示诚挚感谢，也感谢各单位在组织协调和资料提供方面给予的帮助。

希望本系列教材的推出，能够为新农科背景下的理科基础课程教学提供一些参考与支持，为提高农业高等教育质量作出一份努力。

王　鹏

2025 年 5 月

前言

无机化学实验课程学习不仅是高等农林院校相关专业学生科学探索的起点，更是培养其严谨治学态度、激发创新思维、强化理论联系实际能力的关键环节。在实验过程中，学生将学会运用科学原理解决实际问题，形成独立思考与批判性思维的习惯，为未来的专业研究和职业生涯奠定坚实的基础。

在新农科建设大背景下，编写团队紧密围绕“新农科普通高等学校涉农专业理科基础课程体系、课程思政与教材建设研究”项目组编制的《高等农林院校数学类 物理类 化学类 力学类教学基本要求》，结合参编院校的教学特色与优势，融合编者们多年积累的实验教学经验，精心编纂本书。本书坚持政治导向正确，内容科学严谨，注重前沿性与实用性的统一，力求成为一本富有创新性、启发性和趣味性的教材。

本教材具有以下特点：

(1)绿色化学理念深度融入　党的二十大报告明确提出“必须牢固树立和践行绿水青山就是金山银山的理念，站在人与自然和谐共生的高度谋划发展”。在此精神指引下，本实验教材将绿色化学理念贯穿于全书始终，对传统实验中环境污染风险较高的内容进行了严格审查与筛选，并替换为更为环保的实验方案与试剂。对于那些暂时无法完全替代的经典实验，特别设计了微量化实验方法，旨在从源头上最大限度减少有害物质的生成与排放，从而在实践教学中培养学生的环境保护意识和可持续发展的科学观念。通过这样的设计，不仅可以提升实验教学的科学性与安全性，更可以让学生在学习无机化学知识的同时，深刻体会到绿色化学对于推动生态文明建设、实现人与自然和谐共生的重要意义。

(2)实验教学体系层次分明　本书以素质教育和创新教育为核心，构建了“基础实验—综合实验—设计实验”三个层次递进的实验教学体系。增强跨学科融合，在部分实验中引入农学、食品科学、环境科学等相关领域的应用背景，促进学生对多学科知识的交叉理解和综合运用，为未来从事跨学科研究或工作打下坚实基础。

(3)知识迭代与设备优化　随着科学技术的快速发展，本书注重知识的迭代更新与实验设备的优化升级，删减了使用频率极低的传统仪器设备介绍，如秒表、托盘天平等，同时增加了对现代实验技术与仪器的介绍与操作指导，使学生能够紧跟时代步伐，掌握最新的实验技能与方法。

参加本书编写的有:北京林业大学冉红涛、徐善东、王超和杨悠笛(编写第 1 章,第 3 章实验 2、实验 4～7 及实验 11～12),中国农业大学刘雪科(编写第 3 章实验 13～14),南京农业大学张楠(编写第 3 章实验 9～10),河北农业大学唐然肖、陈晓翠和蒙涛(编写第 3 章实验 1),东北林业大学郭丽(编写第 3 章实验 3),甘肃农业大学龙海涛(编写第 3 章实验 8);第 2 章由上述人员共同编写。王超和刘雪科负责附录部分的录入和校正;全书由冉红涛、刘雪科、徐善东修改定稿。

北京化工大学徐庆红教授对书稿进行了全面审定,以其深厚的学术造诣和严谨的治学态度提出了诸多极具价值的修改建议,为本书质量的提升提供了重要助力。在此,谨向他致以最诚挚的感谢!

本书的顺利编写与出版,得益于中国农业大学出版社的鼎力支持。尤其是何美文编辑,在整个出版流程中倾注了大量精力,始终以专业的素养和高度的责任感推动各项工作。特向她表达最衷心的谢意!

限于编者水平,书中疏漏、错误之处难免,恳请读者和同人批评指正!

编　者

2025 年 1 月

目　录

第1章　绪　论

1.1　无机化学实验的目的和要求

化学是一门以实验为基础的学科，许多化学理论和规律是在对大量实验资料进行归纳总结的基础上形成的，实验还可以为理论的完善和进一步发展提供依据。无机化学实验作为大一新生接触的第一门化学实验课程，在培养学生观察能力、实验技能和科学思维等方面扮演着非常重要的角色。这门课程不仅为学生提供了直观了解化学知识的机会，更为他们后续学习分析化学实验、有机化学实验、物理化学实验等课程，乃至未来的科研和职业发展打下了坚实的基础。它的目的和要求主要有以下4个方面：

① 验证无机化学课程中所学的重要理论和概念，巩固、充实和提高，并适当地扩大知识面。无机化学实验能使理论知识形象化，阐明理论应用时的条件、范围和方法，较全面地反映化学现象的复杂性和多样性。通过实验，学生可以直观地理解抽象的理论知识，如反应方程式、化学平衡、热力学和动力学原理等。这种直观的理解有助于加深记忆，并使学生能够更好地掌握和应用理论知识。化学现象往往具有复杂性和多样性，这使得理论知识难以被全面描述。然而，通过无机化学实验，学生可以观察到各种不同的现象，如颜色的变化、沉淀的生成、气体的产生等。这些现象可能由多个因素共同作用引起，从而让学生了解到化学现象的复杂性。同时，实验还能揭示不同物质之间的相互作用和转化关系，让学生理解到化学世界的多样性。

② 培养学生正确地掌握一定的实验操作技能。培养学生正确地掌握一定的实验操作技能是化学教育中的关键一环。实验操作不仅是化学学习的基础，更是科学研究和创新的重要工具。只有通过正确的实验操作，学生才能获得准确的实验数据和结果，而这些数据和结果又是得出正确结论的主要依据。因此，化学实验中基本操作的训练具有极其重要的意义。

③ 培养学生独立思考、独立进行实验和组织设计实验的能力。例如，细致观察与记录实验现象的能力，正确测定与处理实验数据的能力，正确阐述实验结果的能力等，这些能力不仅有助于学生在学术研究中取得成功，也是未来职业生涯中不可或缺的素质。

④ 培养学生实事求是、严谨认真的科学态度。科学态度是指实事求是的作风，杜绝弄虚作假等学术不端，要忠实于所观察到的客观现象。科学研究的本质是基于事实和证据的。在实验过程中，必须忠实于所观察到的客观现象，不得有丝毫的虚假和夸大。学生要勇于面对实验中的失败和不符合预期的结果，而不是试图掩盖或篡改数据以符合理论预期。

1.2 学生实验守则

为了确保实验室的安全和秩序，以及保障实验的有效进行，制定以下规则：

① 所有学生进入实验室前必须接受实验室安全教育，并通过相应的考试。

② 在实验前，学生应认真预习实验内容，写出实验预习报告，明确实验目的和要求，了解实验步骤、方法、注意事项和基本原理，做到心中有数，有条不紊地做好实验。

③ 遵守纪律，不得迟到、早退和缺席，因故需要调组做实验时，须经实验教师同意。

④ 学生进入实验室必须穿实验服，保持穿着整齐，不能穿拖鞋，女生长发需束起或盘起；不准吸烟和吃零食，不准随地吐痰；不得动用与本实验无关的仪器设备，严禁私拿实验器材和物品，严格遵守实验室各项规章制度。

⑤ 实验开始前先清点仪器设备，如发现缺损，应立即报告教师（或实验员），并按规定向实验员补领。实验中如有仪器破损，应及时报告并按规定向实验员换取新仪器。

⑥ 实验中使用药品时应注意下列几点：

a.药品应按规定量取用，如果未规定用量，应注意节约，尽量少用。

b.取用固体药品时，注意勿使其撒落在实验台上。

c.药品自瓶中取出后，不应倒回原瓶中，以免带入杂质而引起瓶中药品变质。

d.试剂瓶用过后，应立即盖上塞子，并放回原处，以免和其他瓶上的塞子混淆而引入杂质。

e.同一滴管在未洗净时，不应在不同的试剂瓶中吸取溶液。

⑦ 实验时应保持肃静，集中精力，认真操作，仔细观察实验现象，如实记录实验结果，积极思考问题，并运用所学理论知识解释实验现象，研究实验中的问题。独立实验时，不得抄袭他人实验数据和结果。

⑧ 实验时要爱护国家财产，节约水电和各类实验材料。按照化学实验基本操作规定的方法取用试剂。必须严格按照操作规程使用精密仪器，如发现仪器有故障，应立即停止使用，并及时报告指导教师。

⑨ 实验后，学生应将自己所用仪器洗刷干净，放回规定的位置，整理好实验台；每个班级应安排值日生轮流负责公共部分的卫生清洁工作。

⑩ 垃圾按要求进行分类，实验的产品及“三废”（废气、废液、废渣）应按有关规定进行回收或处理。

⑪ 实验室内的一切物品（仪器、试剂和产品）均不得带出实验室。

⑫ 学生做完实验后，应将原始数据和实验报告交给教师审查并签字，经教师同意方可离开实验室。

1.3 无机化学实验的学习方法

要达到无机化学实验的学习目的，需要正确的学习态度和学习方法。无机化学实验的学习方法涉及多个关键步骤，其中预习、实验操作及记录和撰写实验报告是最为重要的部分。

1.3.1 预习

实验前的预习是确保无机化学实验顺利进行的关键步骤。预习不仅是简单地浏览实验指导书,更是深入理解实验目的、原理和步骤的过程。以下是对预习要求的详细阐述:

(1)深入理解实验目的与原理

仔细阅读实验指导书,明确实验的具体目的。了解实验是为了解决什么问题,或是为了验证何种理论。深入理解实验原理,掌握背后的科学基础。对于不熟悉的概念或公式,可以通过查阅理论教材或在线资源来加深理解。在预习过程中,要清晰地知道实验的目标,这将有助于在实验过程中更加专注于观察和分析与实验目标相关的数据和现象。

(2)关注实验步骤与关键事项

仔细研读实验步骤,特别关注那些关键的步骤和需要特别注意的事项。这些部分往往是实验的难点或易错点,需要格外小心。

为了加深记忆和便于实验时参考,学生可以尝试用自己的语言写出简明的实验步骤。在写的过程中,可以使用简化符号,如"△"表示加热,"↓"表示沉淀,"↑"表示气体逸出等。这样,学生在实验前就能形成一个清晰的工作提纲。

(3)思考并预测可能出现的问题与难点

在预习时,学生应该思考实验中可能出现的问题或难点,并尝试提出解决方案。例如,某些试剂可能难以溶解,或者反应过程中可能出现意外的颜色变化。对于这些问题,学生可以提前查阅相关资料或向教师请教,找到解决的方法。

(4)写预习报告

将预习的内容整理成预习报告,有助于学生更加系统地理解和记忆实验内容。预习报告可以包括实验目的、原理、操作步骤等部分。

写预习报告不仅有助于加深对实验内容的理解,还可以作为实验过程中的参考,帮助学生在实验中保持清晰的思路。

1.3.2 实验操作及记录

在无机化学实验过程中,实验操作及记录是确保实验准确性和可重复性的关键步骤。

(1)精确并及时地记录实验现象和数据

严格按照实验指导书或教师的指导进行,确保操作的规范性。留意实验过程中的每一个细节,特别是实验现象的变化(如颜色、气味、温度、沉淀等),结合理论知识,思考实验现象背后的原因,这有助于更深入地理解实验原理。将观察到的实验现象及测得的各种数据如实地记录在专门的记录本上,记录必须简明、扼要,字迹工整,确保清晰可读,不可抄袭他人的数据。

(2)分析实验中的异常现象

如果发现实验现象和理论预测不符,应首先冷静分析可能的原因,是操作错误、试剂不纯,还是仪器设备故障等因素造成的。如果无法自行分析异常现象,可以向教师或同学寻求帮助。他们可能会提供新的思路或建议,帮助找到解决问题的方法。

(3)遵守实验纪律和操作规程

实验过程中,保持实验室的安静和整洁,有助于集中注意力,减少外界干扰。遵守实验室的各项规定,正确使用仪器和设备,确保自己和他人的安全。

1.3.3 撰写实验报告

做完实验后，应将有原始数据的实验记录交给教师审阅，并应及时撰写实验报告，交给指导教师批阅。实验报告应该写得简明扼要。一般包括下列几个部分：

① 实验目的与要求。

② 原理。在深入理解实验原理的基础上，尽可能用自己的语言表达。

③ 主要仪器与试剂。常见的仪器装置要求画图。

④ 实验步骤和实验现象。尽量用简图、表格或以化学式、符号等表示。

⑤ 数据记录和数据处理。以原始记录为依据。

⑥ 结果和讨论。根据实验的现象或数据进行分析、解释，得出正确的结论，并进行相关的讨论，或将计算结果与理论值比较，分析误差的原因。

下面列举了几种不同类型的实验报告格式，以供参考。

示例 1　无机化学性质实验报告

班　级__________　学　号__________　姓　名__________　同组人__________

实验日期__________　室　温__________　大气压__________　成　绩__________

实验名称：____

实验目的：

实验仪器、试剂：

实验内容	实验现象	反应方程式	解释及结论

讨论：

小结：

附注：

指导教师签名：____________

示例 2　无机化学制备实验报告

班　　级__________　学　　号__________　姓　　名__________　同 组 人__________

实验日期__________　室　　温__________　大 气 压__________　成　　绩__________

实验名称：____

实验目的：

实验仪器、试剂：

基本原理（简述）：

简单流程（方块式或箭头式）：

实验过程主要现象：

实验结果：

产品外观

产量

产率

问题和讨论：

小结：

指导教师签名：__________

示例 3　无机化学测定实验报告

班　　级________　学　　号________　姓　　名________　同 组 人________

实验日期________　室　　温________　大 气 压________　成　　绩________

实验名称：______________________________

实验目的：

实验仪器、试剂：

测定原理(简述)：

实验内容：

数据记录和结果处理：

问题和讨论：

小结：

指导教师签名：______________

1.4 绿色化学理念与实验室“三废”处理

1.4.1 绿色化学理念

党的二十大报告明确提出“必须牢固树立和践行绿水青山就是金山银山的理念”，这一理念强调了生态环境保护与经济社会发展的和谐统一。在此背景下，绿色化学作为实现这一目标的重要途径，对于推动生态文明建设、促进人与自然和谐共生具有不可估量的价值。

绿色化学也称为环境无害化学、环境友好化学或清洁化学，是指在化学研究、合成、工艺和应用过程中，利用化学原理和技术减少或消除对人类健康和环境的负面影响，实现化学品和过程的可持续发展。绿色化学理念对实验室工作具有重要意义，应在确保实验室活动尽可能少影响环境的情况下，保持甚至提高科研效率和安全性。以下是绿色化学在实验室工作中的主要原则：

① 绿色化学的首要原则是在化学反应和过程中预防污染的产生，而不是在污染发生后进行治理。这要求从源头上减少或消除有害物质的使用和产生，因此在设计实验方案时，要充分考虑原料、试剂、溶剂和催化剂的选择，避免使用有毒有害物质；在合成过程中尽量不使用和不产生对人类健康和环境有毒有害的物质；优先选择无毒、低毒的原料和试剂，以及低毒的合成路线。当必须使用溶剂或助剂时，优先选择无毒、低毒、可生物降解的溶剂和助剂；同时，尽量减少溶剂和助剂的使用量，以降低其对环境的影响。

② 在实验室操作中，优化反应条件，减少废物和副产品的产生，提高实验效率。优先选择高选择性的催化剂，以提高反应效率和减少废物生成；设计能够在使用后易于降解成无害物质的化学产品，减少长期环境污染；发展实时监测和快速分析技术，以便及时检测和控制污染物的生成；降低能耗，选择能量转换效率高的实验设备和装置；优先使用可再生原料，如生物质等，替代石油、煤等不可再生资源；在实验室操作中，选择低风险的化学过程和物质，减少意外事故的发生。

③ 对实验和生产过程中产生的废弃物进行分类收集和处理，确保它们得到妥善的处置。推广废弃物资源化技术，将废弃物转化为有价值的资源。

④ 鼓励和支持绿色化学技术的研发和创新，推动化学工业向绿色、低碳、循环方向发展。

1.4.2 实验室“三废”处理

实验室“三废”是指实验室在科学研究、教学或实验过程中产生的废气、废液和废渣。这些废弃物如果未经妥善处理而直接排放到环境中，将对环境造成严重污染，甚至威胁人类健康。对实验室“三废”进行妥善处理和有效管理，是实验室工作中的重要环节。

本教材积极响应国家号召，将绿色化学理念深度融入实验室“三废”处理之中。通过采用低毒、低污染的实验试剂，优化实验流程，以及实施严格的废弃物分类收集与无害化处理，力求从源头上降低环境污染的风险。

(1)废气处理

对于实验过程中产生的有毒有害气体，应使用专门的废气处理设备进行处理，如活性炭吸附、催化燃烧等。通过改进实验流程、优化实验操作，尽量减少有毒有害气体的产生。例如，使用无毒或低毒的化学试剂，避免不必要的化学反应等，对废气的产生源头进行控制。确保实验室有良好的通风系统，以便及时将有害气体排出室外。

(2)废液处理

根据废液的性质如酸性、碱性、有机、无机等，进行分类收集，这有助于选择合适的处理方法。同时，根据废液的性质选择相应的处理方法。例如，对于酸性废液和碱性废液可以进行中和反应；对于含重金属的废液可以使用沉淀剂将其沉淀；对于有机废液可以进行氧化还原反应等。对于无法处理的废液，送至专门的废液处理机构进行处理，严禁随意排放。

(3)废渣处理

根据废渣的性质如有害、无毒、可回收等，进行分类收集。对于有害废渣，应使用专门的容器进行存放，并确保容器密封良好，防止废渣泄漏。定期将有害废渣送至专门的废渣处理机构进行处理，确保废渣得到安全、环保的处置。尽量减少实验过程中的固体废弃物生成，例如通过减少样品制备量、使用可重复使用的容器等方式。

1.5 网络化学信息资源

网络化学信息资源是化学领域不可或缺的重要资源，具有数字化、网络化、信息量大、更新周期短、资源庞大、开放性强等特征，涵盖了多个方面的类型，为化学领域的科研、教学和生产提供了极大的便利。下面介绍一些较常用的网络资源，师生可以根据需要线上查阅。

(1)中国知网(CNKI)

CNKI是一个涵盖多个学科领域的学术资源平台，其中也包括化学资源，收录了大量化学期刊，涵盖了无机化学、有机化学、物理化学、分析化学、高分子化学、生物化学等多个化学子学科；还收录了大量化学领域的学位论文、国内外重要的化学学术会议论文和专利资源。

(2)美国化学会(America Chemistry Society，ACS)的出版物

ACS出版的学术资源涵盖了化学及相关学科的多个领域。ACS的多种期刊在影响因子和被引用量方面均排名SCI各学科前列，被誉为“化学领域中被访问次数和被引用次数最多的期刊”。

(3)ScienceDirect(SD)

SD 是荷兰爱思唯尔(Elsevier)出版集团所提供的在线全文期刊数据库服务，收录了 Elsevier 出版集团所属的 2 500 多种同行评议期刊和 11 000 多种系列丛书、手册及参考书等。截至 2024 年 12 月，该数据库收录的全文文章总数已超过 1 400 余万篇。

(4)化合物数据库

化合物数据库主要收录了各种化合物的详细信息，包括名称、结构式、分子式、分子量、熔点、沸点、溶解度等物理化学性质。具有代表性的化合物数据库有：

① 美国化学文摘服务社(Chemical Abstracts Service, CAS) 数据库：全球最大的化合物数据库，收录了数百万种化合物的详细信息。由于访问网址可能随时间而变化，用户可以通过 CAS 官方网站查找最新的访问入口或注册方式。

② PubChem：美国国家生物技术信息中心(NCBI)开发的化合物数据库，提供了化合物的结构、生物活性、物理性质、安全性及毒性信息，以及专利、文献引用等多种数据。用户可以通过名称、分子式、结构等多种方式搜索化学品，并查找相关的物理性质和化学性质、生物活性等信息。

(5)反应数据库

反应数据库主要收录了各种化学反应的信息，包括反应方程式、反应条件、产物结构等。具有代表性的反应数据库有：

① Reaxys：它收录了大量的化学反应信息，包括实验数据、文献引用等。该数据库在化学领域具有重要的参考价值，因为它将十多亿个化学数据点与人工智能相结合，为药物发现、化学研发和学术界的创新提供支持。

② NIST Chemistry WebBook：美国国家标准与技术研究院(NIST)开发的化学反应数据库，它提供了详细的反应热力学和动力学数据，以及化合物的其他物理性质和化学性质。

(6)性质数据库

性质数据库主要收录了化合物的物理性质和化学性质、生物活性等数据。代表性的性质数据库有：

① NIST Chemistry WebBook：它除了提供化学反应的热力学和动力学数据外，还包含了大量化合物的物理性质和化学性质。

② ChemSpider：一个免费的化合物性质数据库，是全球最大的化学结构数据库之一。它提供了化合物的结构、熔点、沸点、密度等物理性质数据，以及生物活性、光谱数据等信息。

(7)结构数据库

结构数据库主要收录了化合物的三维结构信息，如晶体结构、分子构象等。代表性的结构数据库有：

① Cambridge Structural Database (CSD)：收录了数百万种化合物的晶体结构数据，是晶体学领域的重要资源；是基于 X 光和中子衍射实验的小分子及金属有机分子晶体的结构数据库。它收录了全世界范围内所有已认可的有机及金属有机化合物的晶体结构，为晶体学领域的研究提供了重要的资源。

② Protein Data Bank (PDB)：收录了生物大分子的三维结构数据，是生物信息学和结构生物学领域的重要数据库。它提供了实验确定的蛋白质结构的三维坐标数据。这些数据对于结构生物学研究、药物设计和分子模拟等领域具有极大的价值。

(8)专利文献库

专利文献库主要收录了化学领域的专利文献信息,包括专利申请书、专利说明书、专利公报等。代表性的专利文献库有:

① 中国国家知识产权局专利检索与分析系统:提供了全面、详细和便捷的专利检索功能,覆盖了包括化学在内的多个领域。该系统主要收录了我国各学科领域的专利申请书、专利说明书、专利公报等专利文献信息。

② USPTO Patent Full-Text and Image Database:美国专利商标局(USPTO)开发的专利全文和图像数据库,提供了大量的化学领域专利文献。

③ Espacenet:欧洲专利局开发的全球专利数据库系统,包括了多个国家和地区的专利文献信息。

第 2 章　化学实验基本常识和基本操作

2.1　化学实验室安全常识

在化学实验环境中，由于涉及多种潜在的危险因素，如水、电、气体以及各类化学试剂（包括易燃、易爆、有腐蚀性和有毒的药品），实验室安全成为不容忽视的重要环节。如果不遵守安全规则而发生事故，不仅会导致实验失败，而且还会危及实验者的身体健康，甚至会造成国家财产损失。因此，必须做到认真预习，熟悉各种仪器、药品的性能，掌握实验中的安全注意事项，集中精力进行实验，严格遵守操作规程。此外，还必须了解实验室一般事故的处理措施等安全知识。

2.1.1　自身安全

① 进入实验室时，实验服是必不可少的。一般为白大褂，主要作用是防止化学试剂或药品溅落到实验人员身上，起到隔离作用。

② 进行危险性实验时，应使用防护眼镜、面罩、手套等防护用具。

③ 不得穿凉鞋、拖鞋、高跟鞋等进入实验室。应穿平底、防滑、合成皮或皮质的满口鞋。

④ 实验开始前，必须进行安全、环保意识的教育与培训。了解实验室安全用具放置的位置，熟悉各种安全用具（如灭火器、沙桶、急救箱、洗眼器等）的使用方法。熟悉实验室安全出口和紧急情况逃生路线。

⑤ 实验进行中，不得擅自离开岗位。

⑥ 使用各种仪器时，要在教师讲解或阅读操作规范后，方可动手操作。

⑦ 不允许在实验室嬉戏打闹。

⑧ 不能在实验室内饮食、吸烟等。

⑨ 实验结束后须洗净双手方可离开实验室。

⑩ 未经实验室管理部门允许不得将与实验无关人员带进实验室。

2.1.2　水电安全

① 实验室水电必须集中控制以保证安全。水源必须设置总水阀，电源必须设置配电柜或配电桌，以此来确保实验室用水和用电安全。

② 实验室管理人员要经常检查水路、电路、接地线、漏电保护器等，确保实验室用水和用电安全。

③ 实验开始前，先检查用电设备，再接通电源。实验结束后，先关闭仪器设备，再关闭电源。

④ 遇突然断电，应关闭电源，尤其要关闭加热电器的电源开关。

⑤ 实验室电器设备的功率不得超过电源负载能力。电器设备使用前应检查是否漏电，常用仪器外壳应接地。使用时，人体与电器导电部分不能直接接触，也不能用湿手接触电器插头。

⑥ 离开实验室时，值日生和最后离开实验室的人员应再一次检查水电是否被关好。

2.1.3 药品安全

① 药品应摆放有序，分类存放整齐，清洁干燥，避光通风，绝不允许任意混合各种药品，以免发生事故。

② 易燃、易爆、剧毒等药品要单独存放，实行双人双锁制度。

③ 浓酸、浓碱等具有强腐蚀性的药品，切勿溅在皮肤和衣服上，尤其不可溅入眼睛中。

④ 极易挥发和易燃的有机溶剂（如乙醚、乙醇、丙酮、苯等），使用时必须远离明火，用后要立即塞紧瓶塞，放入阴凉处。

⑤ 实验室内任何药品不得进入口中或接触伤口，有毒药品更应该特别注意。

⑥ 有毒废液、废酸、废碱等不得倒入水槽，要分类别回收，统一处理。

⑦ 严格药品管理，实验员、管理员、学生等不得私自将药品外借，如果因私自外借导致事故，应追究责任。

⑧采取严格的安全防范措施，闲杂人员不得随意进入药品管理室。

2.2 实验室常见意外事故的急救处理

在化学实验过程中，不慎发生安全事故时，迅速而正确的急救处理是至关重要的。以下是针对几种常见安全事故类型的处理方法，旨在帮助实验人员有效应对并减少伤害。

2.2.1 化学品溅到皮肤或眼睛

当化学品不慎溅到皮肤上时，应迅速用大量流动的清水冲洗受影响的皮肤区域，确保水流强劲且持续至少 15 min。这个过程中，应尽量避免让水流直接冲击伤口或烧伤部位，可以轻轻地将水流引导至伤口周围区域，以尽量减少对伤口的直接刺激。同时，应尽快脱去被污染的衣物，以防止化学品继续与皮肤接触。如果化学品具有腐蚀性或毒性，即使冲洗后看起来没有明显症状，也应立即就医，因为某些化学物质可能会在后续时间内对皮肤造成更严重的损害。

眼睛是特别敏感且脆弱的器官，一旦化学品溅入眼睛，必须立即进行紧急处理。首先，应迅速找到最近的水源，如自来水龙头或清洁的生理盐水，并立即开始冲洗眼睛。冲洗时，应提起眼睑，确保水流能够覆盖整个眼球表面，包括上下眼睑的内侧。冲洗应持续至少 15 min，其间应尽量保持头部倾斜，以便更好地清洗眼睛。冲洗完毕后，应立即就医，即使冲洗后眼睛感觉正常也不能掉以轻心。切勿揉搓眼睛，因为这可能会加重损伤或导致化学品进一步扩散。

2.2.2　火灾

火灾是实验室最易发生的事故之一。化学实验中的火灾处理需要迅速、准确和冷静，遵循安全规定和操作规程。

(1)初步判断与报警

出现着火情况时，立即对火势进行初步判断，观察火势的大小、蔓延速度和火源的性质。如果火势较小，并且确认可以安全处理，则采取适当的灭火措施；如果火势无法控制或威胁到人员安全，则立即撤离并拨打火警电话 119 报警。

(2)紧急撤离

在报警的同时，迅速组织实验室内的所有人员按照紧急撤离路线有序撤离，确保人员安全。撤离过程中，不要使用电梯，应通过楼梯迅速离开建筑物。

(3)切断火源与电源

在撤离前，条件允许的情况下，尽可能关闭实验室内的所有电源和燃气阀门，以切断电源和火源和电源，并关闭实验室的通风系统，以减少火势的蔓延。

(4)选择合适的灭火方法

根据火源的性质选择合适的灭火方法。

① 一般固体物质火灾，可以使用防火毯、干粉灭火器、泡沫灭火器或二氧化碳灭火器等进行灭火。

② 易燃液体火灾，使用干粉灭火器或泡沫灭火器进行灭火，避免使用水直接灭火，因为某些易燃液体比水轻且与水混溶后会扩大燃烧面积。

③ 电器火灾，首先切断电源，然后使用干粉灭火器、二氧化碳灭火器或者四氯化碳灭火器进行灭火。不能用泡沫灭火器，以免触电。

④ 金属火灾(如金属钠、钾等)，不能用水或泡沫灭火器灭火，应使用专用金属火灾灭火器或干沙土进行灭火。

⑤ 如果衣服着火，切勿奔跑，应立即脱下衣服，用防火毯覆盖起火部位以隔绝空气，或者就地打滚。

在使用灭火器时，应按照灭火器上的使用说明进行操作，确保有效灭火。常见灭火器的类型、主要成分、适用范围和使用方法见表 2-1。

表 2-1　实验室常见灭火器的适用范围和使用方法

灭火器类型	主要成分	适用范围	使用方法
干粉灭火器	磷酸铵盐、碳酸氢钠、氮气等	适用于可燃液体火灾、可燃气体火灾、带电设备火灾	① 拔掉铅封和保险销。② 站在火焰上风有效距离 2～3 m 处。③ 左手握喷管对准火焰根部，右手提压把，左右摆动喷管使气体横扫火焰根部。④ 火焰熄灭后，抬起灭火器压把停止喷射

续表 2-1

灭火器类型	主要成分	适用范围	使用方法
泡沫灭火器	硫酸铝和碳酸氢钠、水解蛋白质、氟碳表面活性剂	适用于油类及一般固体物质的初起火灾；不适用于带电设备火灾	① 右手托压把，左手托底部，取下灭火器。② 右手捂喷嘴，左手执筒底边缘。③ 颠倒灭火器使其呈垂直状态，上下晃动几下，放开喷嘴。④ 站在离火源约8 m处喷射，并不断前进兜围火焰
二氧化碳灭火器	液态二氧化碳	适用于可燃液体火灾、可燃气体火灾、带电设备火灾、贵重物品火灾、精密仪器火灾；不适用金属火灾	① 右手捂喷嘴，左手执筒底边缘，上下摇晃。② 站在火焰上风2～3 m处，拔掉铅封和保险销，对准火源根部，按压灭火器。③ 注意防止皮肤直接接触喷筒和喷射胶管，以防冻伤
卤代烷灭火器	卤代烷，如四氯化碳	适用于可燃气体火灾，甲、乙、丙类可燃液体火灾及带电设备火灾	① 先将灭火器靠在身体上，拔出安全销。② 用右手握住喷嘴，左手按压灭火器上方的把手。③ 将喷嘴对准火源，喷出灭火剂。④ 使用时要注意保持距离，避免灭火剂喷溅到人体或物体上

(5)注意事项

① 在处理火灾时，应始终确保自身安全，避免冒险行为。

② 在火灾发生后，不要试图抢救个人财物，首先要确保人员安全撤离。

③ 在使用灭火器时，应注意保持与火源的安全距离，避免被火焰或热浪伤害。

2.2.3 中毒

化学实验室中毒的处理需要迅速且准确地进行，以确保中毒者的安全。以下是化学实验室中毒处理的常见方法。

(1)中毒途径与急救措施

① 呼吸道吸入：有毒气体、粉尘、烟雾等通过呼吸进入体内。

急救措施：立即将中毒者移至空气新鲜的地方，解开衣服，放松身体。如有需要，给中毒者吸入氧气或进行人工呼吸(氰化物中毒除外)。如出现心脏骤停，立即进行心肺复苏。

② 消化道误服：有毒物质通过口腔进入体内。

急救措施：立即引吐、洗胃及导泻。患者清醒且合作时，可饮大量清水引吐。引吐效果不好或昏迷者，应立即送医院用胃管洗胃。根据误服物质的不同，使用相应的解毒剂。例如，误服少量强酸液，可服镁乳、石灰水、氢氧化铝或肥皂水解毒；误服少量强碱时，可服醋、柠檬水或橘子汁解毒。

③ 皮肤接触：有毒物质直接与皮肤接触导致中毒。

急救措施：立即用大量清水冲洗受污染的皮肤。如有需要，可使用相应的解毒剂进行冲洗。清洗后，应立即就医治疗。

(2)特殊物质中毒处理

① 氰化物中毒:立即将患者移至空气新鲜处,每隔 2 min,给患者吸入亚硝酸异戊酯 15～30 s,然后饮服硫代硫酸盐溶液。

② 重金属盐中毒:喝一杯含有适量 $MgSO_4$ 的水溶液(具体剂量需根据中毒情况确定),然后立即就医。

(3)注意事项

① 在进行急救时,抢救者要注意自我保护,如戴防毒面罩、手套等。

② 如有任何身体不适症状,特别是长时间处于实验室环境中后出现头晕、恶心等症状,应及时寻求医疗帮助。

③ 实验室应制定详细的应急预案,包括报警程序、疏散路线以及急救措施,并进行定期演练。

2.2.4 割伤

实验室割伤处理需要遵循一定的步骤,以确保伤口得到妥善的处理并降低感染的风险。以下是处理实验室割伤的常见方法。

① 检查伤口:首先必须检查伤口内有无玻璃或金属等物的碎片,这是非常重要的步骤,以防压迫止血时将碎片压深。若有碎片,应先用消过毒的镊子将碎片取出。

② 清洗伤口:使用双氧水、生理盐水或蒸馏水对伤口进行冲洗,清除伤口局部的血渍以及异物。这一步可以重复 2～3 次。若伤口带有化学品,应立即挤出污血,尽可能将化学品清除干净,以免中毒。

③ 消毒处理:使用碘酒或碘伏对伤口局部进行消毒处理,以防感染情况出现。

④ 包扎伤口:用清洁纱布等包扎伤口。若伤口太深、流血不止,则让伤者平卧,抬高出血部位,压住附近动脉,并在伤口上方约 10 cm 处用纱布扎紧压迫止血。

⑤ 就医:若化学品毒性大或伤口较大、较深,应立即送医治疗。

⑥ 注意事项:处理过程中注意保持清洁,避免二次感染。若有碎片进入眼睛,应保持平静,绝不能用手搓揉;尽量不要转动眼球,可任其流泪,并及时就医。

2.2.5 灼伤、烫伤

在化学实验室环境中,由于频繁接触高温物质或腐蚀性化学品,灼伤和烫伤是常见的安全风险。为了及时有效地处理这类伤害,减轻疼痛并预防并发症,以下是化学实验室一般烫伤和灼伤的处理流程。

(1)一般烫伤

① 冷却伤口:使用流动的冷水进行冲刷约 30 min。

② 消毒与清洁:用 75%乙醇或双氧水消毒伤口周围的皮肤。保持伤口清洁,避免感染。

③ 涂抹药膏:涂抹烫伤膏或凡士林油,有助于减轻疼痛和防止感染。

④ 包扎伤口:若伤口面积较大或较严重,用无菌纱布包扎好,避免感染。

⑤ 就医:对于严重烫伤或伤口感染,应立即就医,接受专业治疗。

(2)酸灼伤

如果少量酸灼伤皮肤,立即用大量水冲洗,然后用 5%的碳酸氢钠溶液清洁伤口,再涂上甘油;如果大量的酸灼伤皮肤,先用干布擦去,再用大量水冲洗,防止放热过多灼伤皮肤。如果灼伤眼睛,用水冲洗后,用稀的碳酸氢钠溶液洗涤,最后滴入少许蓖麻油。

(3)碱灼伤

皮肤被碱灼伤,先用水冲洗,然后用饱和硼酸溶液或 3% 的醋酸溶液清洁伤口,再涂上药膏并包扎好;眼睛被碱灼伤,用水冲洗后,再用饱和硼酸溶液洗涤,最后滴入蓖麻油。

(4)溴灼伤

立即用 20% $Na_2S_2O_3$ 溶液冲洗,再用大量水冲洗,包上消毒纱布后就医。

(5)氢氟酸灼伤

先用大量水冲洗 20 min 以上,再用冰冷的饱和硫酸镁溶液或者 70% 乙醇浸泡 30 min 以上,包上消毒纱布后及时就医。

2.2.6 触电

触电是一种紧急情况,如果不及时采取正确的自救和互救措施,可能会导致严重的后果。

(1)自救措施

触电时,首先要保持冷静,不要惊慌失措。这有助于更好地判断形势,并采取正确的行动。如果是直接接触电源,应迅速用绝缘物体(如橡胶手套、木棍等)将电线拨开,或迅速用脚尖(保持身体其他部分与地面绝缘)将电线踢开。如果是跨步电压触电,应立即单脚跳出危险区域,避免双脚同时接触不同电位的地面。在摆脱电源的过程中,要注意防止摔伤、撞伤等二次事故。

(2)互救措施

如果电源的闸刀开关或插销就在附近,应迅速切断电源。若不在附近,则使用绝缘良好的电工钳或有干燥木把的利器(如刀、斧等)把电线砍断。

如触电者伤势不重,应让伤者休息,不要使其走动,以减轻心脏负担,并请医生前来诊治或送医院就医。

如触电者神志不清,心脏跳动,但呼吸微弱甚至停止,应让其平卧,解开衣服,用仰头举颚法使气道开放,并进行人工呼吸。同时,速请医生诊治或送医院就医。

如果触电者伤势严重,呼吸及心跳停止,应立即施行心肺复苏(人工呼吸和胸外心脏按压),并速请医生诊治或送医院就医。在送医院途中,不能停止急救。

2.3 无机化学实验室常用仪器介绍和使用

无机化学实验中经常会使用到玻璃仪器、金属用品、电器等仪器及设备,这里做简要的介绍。

二维码 2-1 常见仪器介绍(视频)

2.3.1 玻璃仪器

玻璃仪器按玻璃的性质不同可以简单地分为软质玻璃仪器和硬质玻璃仪器两类。软质玻璃承受温差的性能、硬度和耐腐蚀性都比较差,但透明度比较好,一般用来制造不需要加热的仪器,如试剂瓶、漏斗、量筒、吸管等。硬质玻璃具有良好的耐受温差变化的性能，用它制造的仪器可以直接加热。这类仪器耐腐蚀性能、耐热性能以及耐冲击性能都比较好，常见的烧杯、烧瓶、试管、蒸馏器和冷凝管等都是用硬质玻璃制作的。表 2-2 中列出了一些常见玻璃仪器的名称及其应用介绍。

表 2-2 一些常见玻璃仪器的名称及其应用介绍

仪器名称及图片	应用介绍
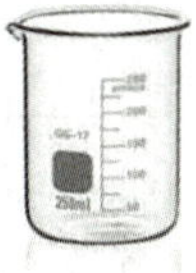 烧杯	用于配制溶液，煮沸、蒸发、浓缩溶液，进行化学反应以及少量物质的制备等。它可承受 500 ℃以下的温度，在火焰上可直接或隔石棉网加热，也可选用水浴、油浴或沙浴等加热方式。烧杯的规格从 25 mL至 5 000 mL 不等
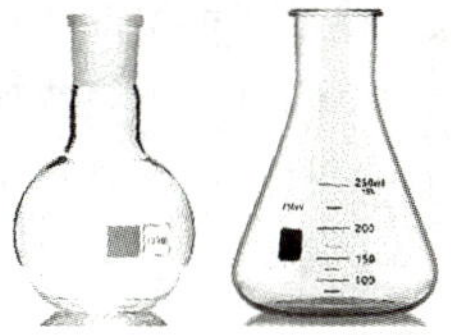 圆底烧瓶 锥形瓶	用于加热煮沸，以及物质间的化学反应，主要有平底烧瓶、圆底烧瓶、三角烧瓶、定碘烧瓶、三口烧瓶及四口烧瓶等。平底烧瓶不能直接用火加热，圆底烧瓶可以直接用火加热，通常在热源与烧瓶之间加隔石棉网。三角烧瓶也称锥形瓶，加热时可避免液体大量蒸发，反应时便于摇动，在滴定操作中经常用它作容器
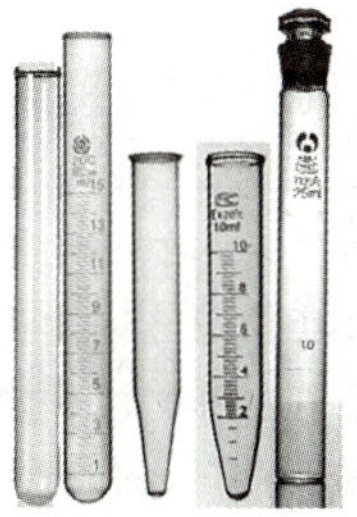 试管 离心管 比色管	试管主要用作少量试剂的反应容器，常用于定性实验。常见的试管有普通试管、刻度试管、具支试管、具塞试管等。试管可直接用酒精灯加热，加热后不能骤冷。试管内盛放的液体量，如果不需要加热，不要超过 1/2；如果需要加热，不要超过 1/3。离心管用于定性分析中的沉淀分离。离心管有尖底离心管、尖底刻度离心管和圆底刻度离心管等。比色管主要用于比较溶液颜色的深浅，用于快速定量分析中的目视比色。比色管有开口和具塞两种
 干燥器	用于保持固态、液态试样或产物的干燥，也用来存放要防潮的小型贵重仪器和已经烘干的称量瓶、坩埚等，还用于提供一定的相对湿度，防止试样失去结晶水。干燥器的中下部口径略小，上面放置带孔的瓷板，瓷板上放置待干燥的物品，瓷板下面放有干燥剂或保湿剂。使用干燥器时，要沿边口涂抹一薄层凡士林研合均匀至透明，使顶盖与干燥器本身保持密合，不致漏气。开启顶盖时，应稍稍用力使干燥器顶盖间水平方向缓缓错开，取下的顶盖应翻过来放稳
 试剂瓶 滴瓶	用于盛装各种试剂。常见的试剂瓶有小口试剂瓶、大口试剂瓶和滴瓶。试剂瓶有无色和棕色之分，棕色瓶用于盛装应避光的试剂。小口试剂瓶和滴瓶常用于盛放液体药品，大口试剂瓶常用于盛放固体药品。试剂瓶又有磨口和非磨口之分，一般非磨口试剂瓶用于盛装碱性溶液或浓盐溶液，使用橡胶塞或软木塞；磨口的试剂瓶用于盛装酸、非强碱性试剂或有机试剂

续表 2-2

仪器名称及图片	应用介绍
 抽滤瓶	也称过滤瓶，主要供晶体或沉淀进行减压过滤用
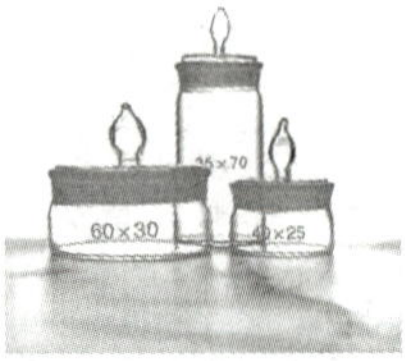 称量瓶	主要用于使用分析天平时称取一定量固体样品进行加热处理，其磨口瓶盖设计确保了良好的密封性，防止样品在加热过程中挥发或污染环境。由于磨口瓶盖的特殊性，不同称量瓶的瓶盖不能互换使用，这避免了因瓶盖不匹配而导致的密封不严问题。称量瓶根据形状可分为高型和扁型两种。高型称量瓶适用于需要较大空间进行加热或搅拌的实验；而扁型称量瓶则更适合于存放和称取较小量的样品，其扁平的形状使得样品在加热时能够更均匀地受热
 表面皿	表面皿主要用作烧杯的盖，防止灰尘落入和加热时液体迸溅等。表面皿不能直接用火加热
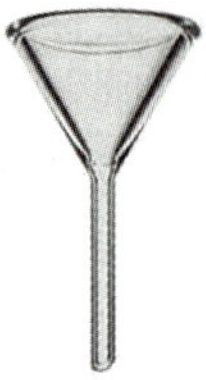  标准漏斗　分液漏斗	用于过滤和向小口容器倾倒液体。常见的有 60° 角短颈标准漏斗、60° 角长颈标准漏斗、筋纹漏斗和圆筒形漏斗。筋纹漏斗内壁有若干凹筋，可以提高过滤速度。分液漏斗主要用于互不相溶的两种液体分层和分离，常见的有厚料球形、球形、梨形、梨形刻度、筒形和筒形刻度等。球形分液漏斗适用于萃取分离操作；梨形分液漏斗除用于分离互不相溶的液体外，在合成反应中常用于随时加入反应试液。梨形刻度漏斗和筒形漏斗常用于控制加液速度
 量筒	用于量取一定体积的液体。在配制和量取浓度和体积不要求很精确的试剂时，常用它来直接量取溶液
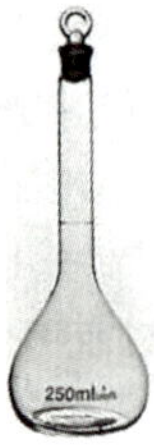 容量瓶	容量瓶是一种细颈梨形平底的容量器，带有磨口玻璃塞，颈上有标线，表示在所指温度下液体凹液面与容量瓶颈部的标线相切时，溶液体积恰好与瓶上标注的体积相等。容量瓶有多种规格，常见的有小容量如 5 mL、25 mL、50 mL、100 mL，以及大容量如 250 mL、500 mL、1 000 mL、2 000 mL等。用于配制体积要求准确的溶液，或用于溶液的定量稀释。容量瓶不能加热，瓶塞是磨口的，不能互换，以防漏水。容量瓶有无色和棕色之分，棕色瓶用于配制需要避光的溶液

续表 2-2

仪器名称及图片	应用介绍
 移液管	也叫吸量管，用于准确移取一定体积的液体。常见的有刻度移液管和单标记移液管。移液管有多种规格，常用的有 1 mL、2 mL、5 mL、10 mL、25 mL、50 mL 等。根据设计和使用方式的不同，移液管可能还有老式和新式之分。老式移液管管身可能标有“吹”字样，需要用洗耳球吹出管口残余液体；而新式移液管则没有此标记，不可吹出管口残余液体
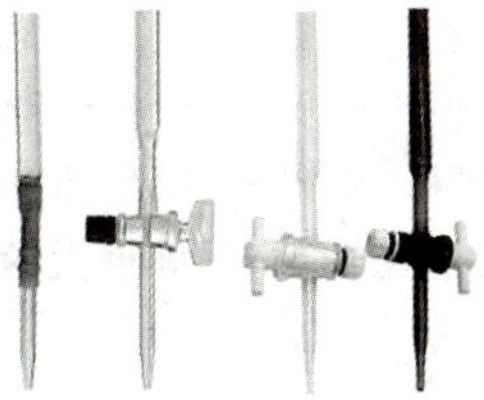 滴定管	滴定管是一种精密的玻璃仪器，主要用于测量在滴定过程中从滴定管内流出的溶液体积。根据使用需求和溶液性质的不同，滴定管有多种分类。 按照测量范围，滴定管可以分为常量和微量两种。常量滴定管通常用于需要较大体积溶液的滴定实验，而微量滴定管则用于需要精确控制小体积溶液的实验。 根据所盛溶液的性质，常量滴定管又有酸式和碱式之分。酸式滴定管主要用于盛放盐酸、氧化剂、还原剂等酸性或具有氧化性、还原性的溶液。这些溶液通常不会与酸式滴定管的玻璃材质发生反应，因此可以安全使用。碱式滴定管主要用于盛放碱溶液，因为碱溶液会与酸式滴定管中的玻璃活塞发生反应，导致活塞无法正常工作。碱式滴定管的设计通常包括一个橡胶管或塑料管作为活塞的替代品，以避免这种反应。 此外，滴定管还有无色和棕色之分。无色的滴定管通常用于盛放对光不敏感的溶液，而棕色的滴定管则用于盛放对光敏感的溶液，以防止溶液在光照下分解或变质。在无色的滴定管中，又分为带蓝线和不带蓝线两种。带蓝线的滴定管通常用于更精确地读取溶液的体积。蓝线是一个刻度标记，它使得实验者可以更容易地看到溶液液面的位置，从而更准确地读取滴定过程中消耗的体积
 酒精灯	常用的加热器具，其温度通常可达 400～500 ℃，适用于温度不需太高的实验。酒精灯由灯罩、灯芯及灯壶三部分组成。外焰温度最高，故而加热时应尽量使用外焰。酒精灯应用火柴引燃，不能拿燃着的酒精灯去引燃另一盏酒精灯。熄灭酒精灯时，把灯罩罩上，片刻后再把灯罩提起一下，然后再罩上，切不可用口来吹熄灯焰

2.3.2 陶瓷器皿、塑料器皿及金属用具等

陶瓷器皿是由化学瓷制成的。化学瓷与化学玻璃相比具有更好的耐腐蚀性能，也具有更好的耐热性能。最常用的化学瓷器皿有坩埚、蒸发皿、布氏漏斗等。

塑料器皿由聚乙烯、聚氯乙烯、聚四氟乙烯等制成。其中聚乙烯、聚氯乙烯具有良好的耐酸碱性能，但不应与有机溶剂接触，且耐热性能很差，仅能在常温下使用。聚四氟乙烯耐酸碱性能很强，且可加热到 220 ℃而保持稳定，含金属杂质少。常用的塑料器皿有洗瓶、软管、药匙等。

另有部分金属材质的用具，该类用具往往起支撑作用，需要具有一定的强度，如漏斗架、铁架、铁圈、铁夹等。

实验室中常用的一些陶瓷器皿、塑料器皿及金属用具列于表 2-3。

表 2-3 一些陶瓷器皿、塑料器皿及金属用具的名称和应用介绍

仪器名称及图片	应用介绍
 蒸发皿	用于使液体蒸发，能耐高温，但不宜骤冷。蒸发溶液时一般放在石棉网上加热，如液体量多，可直接加热，但液体量以不超过深度的 2/3 为宜
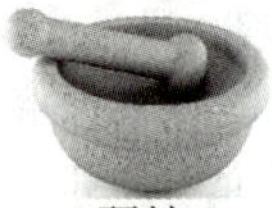 研钵	研钵主要用于研磨固体物质，有玻璃研钵、瓷研钵、铁研钵和玛瑙研钵等。玻璃研钵、瓷研钵适用于研磨硬度较低的物料，硬度大的物料应用玛瑙研钵。研钵不能直接用火加热
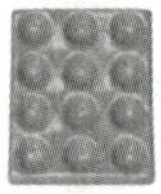 点滴板	用于定性分析显色反应，或在滴定分析中外用指示剂法确定终点时使用
 石棉网	由铁丝编成，中间涂有石棉。垫上石棉网加热，可使物体受热均匀。使用时注意不能与水接触
 铁架、铁圈和铁夹	用于固定或放置反应器
 三脚架	通常在加热时使用，或用于放置较大或较重的反应器

续表 2-3

仪器名称及图片	应用介绍
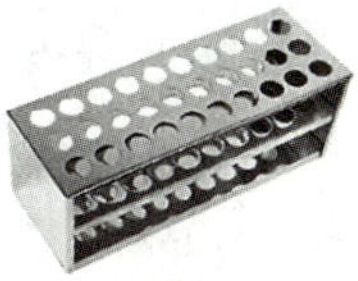 试管架	用于放置试管、离心管等。有木质和铝质之分，有不同形状和大小，加热后的试管应用试管夹夹住悬放在架上
 洗瓶	用于装蒸馏水洗涤仪器或洗涤沉淀物。分为玻璃洗瓶和塑料洗瓶，玻璃洗瓶可置于石棉网上加热。常用的是塑料洗瓶
 药匙	用于取用固体试剂，一般由牛角或塑料制成。使用前应擦净
 温度计	无机化学实验中常用的是水银温度计和煤油温度计。水银温度计是在玻璃管内封入水银，利用封入的水银的热膨胀来测量温度。常用的温度计又有普通温度计和精密温度计之分，前者的刻度线每格为 1 ℃或 0.5 ℃，后者的刻度线以 0.1 ℃为间隔。玻璃水银温度计易损坏，而且汞蒸气有毒，因此在使用时应小心保护。万一不慎损坏，应及时处理水银

2.3.3　电器设备

无机化学实验过程中会用到多种电器设备，使用时应注意安全。仪器设备金属外壳需接地，防止漏电。电器内外要保持干燥，人体与导电部分不能直接接触，不能用湿手直接接触电源插头。如若发生触电，要立刻切断电源，并用非导电物体使触电者脱离电源，必要时给予人工呼吸并立即送医。常用的电器设备如下。

1. 离心机

详见 2.9.3。

2. 分析天平

详见 2.6.2。

3. 酸度计

酸度计也称为 pH 计，是用于测量溶液酸碱度(即 pH)的仪器(图 2-1)。它主要由两部分组成：电极和电流计(或称电位计)。

图 2-1　酸度计

电极是酸度计的核心部分，它包含两个关键的电极——参比电极和测量电极(也称为指示电极)。参比电极：在酸度计的使用情境中，常用的参比电极是饱和甘汞电极。它的基本功能是维持一个恒定的电极电势。这意味着在测量过程中，参比电极的电势是稳定的，不随被测溶液 pH 的变化而变化。这样，它就可以作为一个稳定的参考点，用于比较和测量玻璃电极的电势变化。测量电极（指示电极）：这里指的是玻璃电极。玻璃电极对溶液中的氢离子活度（即氢离子浓度）非常敏感。当玻璃电极浸入被测溶液时，其电势会随着溶液中氢离子活度的变化而变化。因此，玻璃电极能够“指示”溶液的酸碱程度。

当参比电极和玻璃电极都浸入被测溶液中，并通过导线连接到酸度计上时，它们就构成了一个原电池。这个原电池的电动势实际上就是参比电极与玻璃电极之间的电势差。参比电极的电势是恒定的，而玻璃电极的电势随溶液 pH 变化而变化，因此这个电势差就反映了被测溶液的 pH。在测量过程中，酸度计会测量这个原电池的电动势，并将其转换为对应的 pH 显示出来。这是通过酸度计内部的电路和算法实现的。不同 pH 的溶液对应着不同的电动势值，因此酸度计可以根据测得的电动势值准确地计算出溶液的 pH。

以 Sartorius 普及型酸度计(PB-10)(图 2-2)为例，介绍酸度计的使用方法。

二维码 2-2　酸度计的使用(视频)

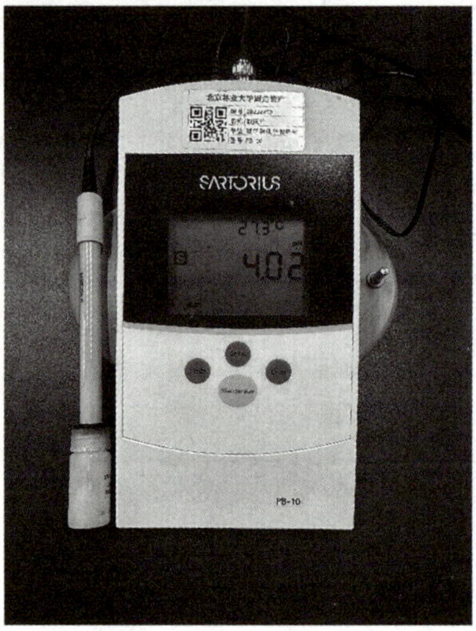

图 2-2　PB-10 酸度计

图 2-2 中，界面各键的含义如下：

Mode：转换键，用于 pH 和电动势(mV)测量方式转换。

Setup：设定键，用于清除缓冲液，调出电极校准数据或选择自己识别缓冲液。

Standardize：校准键，用于识别缓冲液进行校准。

Enter：确认键，用于菜单选择确认。

(1)开机与准备

连接设备，将变压器插头与酸度计的电源接口对接，将电极连接到仪表的卡口式连接器(BNC)插头上。如果使用温度传感器，请连接到自动温度补偿(ATC)接口，接通电源，仪器预热约 30 min 以达到稳定状态。打开电极填液孔，拧下电极保护帽，用蒸馏水清洗电极，并用滤纸吸干备用，按下“pH/mV”键，选择 pH 测量模式。

(2)校准

在每次使用前或电极更换后，都需要对 pH 计进行校准。以下是一个标准的三点校准过程。

清除旧数据：按“Setup”键，显示屏会显示“Clear”，按“Enter”键确认，以清除之前的校准数据。

选择校准缓冲液组：继续按“Setup”键，直到显示屏显示所需的缓冲液组（如“1.68，4.01，6.86，9.18”），然后按“Enter”键确认。

第一点校准（以 6.86 为例）：用蒸馏水或去离子水清洗电极，并用滤纸吸干。将电极浸入第一种缓冲液（如 pH 6.86），轻轻搅拌，等待数值稳定并出现“S”时，按“Standardize”键进行自动校准。如果校准时间较长，可按“Enter”键手动校准。校准成功后，显示“6.86”。

第二点校准（以 4.01 为例）：重复清洗电极的步骤，然后浸入第二种缓冲液（如 pH 4.01）。等待数值稳定并出现“S”时，按“Standardize”键进行校准。校准成功后，屏幕会显示“4.01 6.86”和电极斜率值。电极斜率值是一个衡量电极响应灵敏度和线性关系的重要参数，通常其值在 90%～105%被认为是正常的。如果屏幕未能正确显示这些数值，或者电极斜率值不在正常范围内，这可能表明缓冲液已经变质或受到污染，无法再用于准确的校准。此时，应重新配制标定用的缓冲液，并再次进行校准，以确保 pH 计的准确性和可靠性。

第三点校准（以 9.18 为例）：重复上述步骤，使用第三种缓冲液（如 pH 9.18）进行校准。

（3）测量

清洗电极：用蒸馏水或去离子水清洗电极，并用滤纸吸干。

浸入待测溶液：将电极浸入待测溶液中，轻轻搅拌使溶液均匀。等待数值稳定并出现“S”时，即可读取测量值。

（4）维护与保养

电极保养：测量间隙，用蒸馏水或去离子水清洗电极，并用滤纸吸干。检查敏感球泡内部是否有气泡，如有，轻轻甩动电极以消除气泡。测量完成后，将电极浸入 3 $mol \cdot L^{-1}$ KCl 溶液中保存。

仪器保养：测量完成后，不用拔下变压器，应待机或关闭总电源，以保护仪器。如发现电极有问题，可用 0.1 $mol \cdot L^{-1}$ HCl 溶液浸泡电极半小时后放入3 $mol \cdot L^{-1}$ KCl 溶液中保存。

（5）注意事项

① 在校准和测量过程中，避免电极与任何硬物碰撞，以免损坏。

② 使用滤纸吸干电极时，不要反复擦拭，以防损坏电极表面。

③ 频繁使用时，电极用饱和 KCl 溶液浸泡，使电极玻璃球保持湿润。

4. 分光光度计

分光光度计是一种常见的实验室仪器，用于测量溶液中化学物质的浓度和反应速率，其基本原理是基于化学物质在光的照射下产生的吸收效应。具体来说，物质对光的吸收具有选择性，不同物质会吸收不同波长的光，形成各自独特的吸收光谱。当单色光通过溶液时，溶液中的化学物质会吸收部分光能，使得透过的光强减弱。这一光强的减弱程度与溶液中化学物质的浓度成正比，即符合朗伯-比尔（Lambert-Beer）定律。该定律的公式为 $A = \varepsilon lc$，其中 A 是吸光度，ε 是摩尔吸光系数，l 是光路长度，c 是物质的浓度。

分光光度计中，光源发出的光经过单色器分解为单色光，然后照射到样品室内的待测溶液上。溶液吸收一部分光后，透过的光进入光检测器，转化为电信号并通过显示器输出。根据吸光度与浓度的线性关系，可以计算出溶液中化学物质的浓度。

(1)使用方法

以 722 型分光光度计(图 2-3)为例,其使用方法如下。

图 2-3 722 型分光光度计

① 预热仪器:将选择开关置于“T”,打开电源开关,使仪器预热 30 min。为了防止光电管疲劳,不要连续光照,预热仪器时和不测定时应将试样室盖打开,使光路切断。

② 选定波长:根据实验要求,转动波长手轮,调至所需要的单色波长。

③ 固定灵敏度挡:在能使空白溶液很好地调到“100%”的情况下,尽可能采用灵敏度较低的挡,使用时,首先调到“1”挡,灵敏度不够时再逐渐升高。但换挡改变灵敏度后,须重新校正“0%”和“100%”。选好的灵敏度,实验过程中不要再变动。

④ 调节 T=0%:轻轻旋动“0%”旋钮,使数字显示为“0.000”。需注意,此时试样室是打开的。

⑤ 调节 T=100%:将盛蒸馏水(或空白溶液,或纯溶剂)的比色皿放入比色皿座架中的第一格内,并对准光路,把试样室盖轻轻盖上,调节透过率“100%”旋钮,使数字显示正好为“100.0”。

⑥ 吸光度的测定:将选择开关置于“A”,盖上试样室盖,将空白溶液置于光路中,调节吸光度调节旋钮,使数字显示为“0.000”。将盛有待测溶液的比色皿放入比色皿座架中的其他格内,盖上试样室盖,轻轻拉动试样架拉手,使待测溶液进入光路,此时数字显示值即为该待测溶液的吸光度值。读数后,打开试样室盖,切断光路。重复上述测定操作 1~2 次,读取相应的吸光度值,取平均值。

⑦ 浓度的测定:选择开关由“A”旋至“C”,将已标定浓度的样品放入光路,调节浓度旋钮,使得数字显示为标定值,将被测样品放入光路,此时数字显示值即为该待测溶液的浓度值。

⑧ 关机:实验完毕,切断电源,将比色皿取出洗净,并用软纸将比色皿座架擦净。

(2)注意事项

① 仪器应安放在干燥、无腐蚀性气体的房间内,使用温度应在 5~35 ℃。仪器应放置在坚固平稳的工作台上,避免强烈震动或持续震动。室内照明不宜过强,避免日光直射,且空调不宜直接吹向仪器。

② 在测定过程中,应先装低浓度样品再装高浓度样品,防止污染。需要大幅度改变波长时,应在调整“0%”和“100%”后稍等 3~5 min,待稳定后再重新调整。每次使用后应检查样品室内是否有溶液溢出,并及时清理。

③ 注意保护比色皿的光学面,避免擦伤和污染,使用完毕后及时清洗。仪器使用完毕后应盖好防尘罩,并在样品室内放置干燥剂以防潮。

④ 供给仪器的电源应为 220 V±10% V、49.5~50 Hz,并须装有良好的接地线。仪器应尽量远离高强度的磁场、电场及可发出高频波的电器设备。

5. 电导率仪

电导率仪是一种在实验室中广泛使用的仪器,其主要功能是测量溶液的电导率。电导率作为溶液的一个重要物理性质,反映了溶液中离子传导电流的能力。电导率仪通过测量电极间溶液对电流的导通能力来确定溶液的电导率。当两个电极插入溶液中并施加一定的电压时,溶液中的离子会开始移动,形成电流。电导率仪则测量这个电流的大小,并结合电极的几何形状、距离以及溶液的温度等因素，计算出溶液的电导率值。

(1)使用方法

以 DDS-307 电导率仪(图 2-4)为例，其使用方法如下。

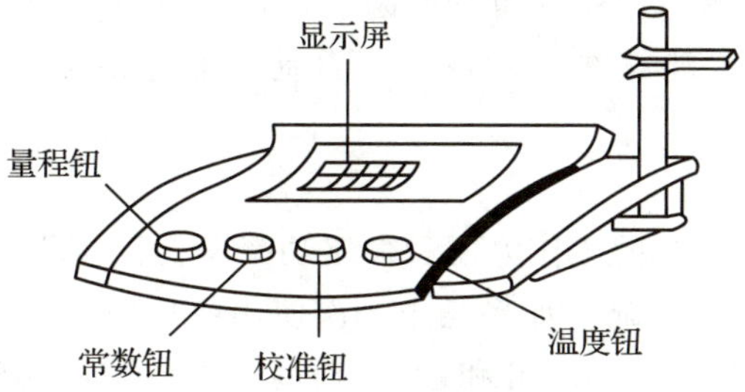

图 2-4　DDS-307 电导率仪示意图

① 接通电源后，让电导率仪预热约 30 min。预热可以确保仪器内部电子元件达到稳定的工作状态，从而提高测量的准确性。

② 调节量程钮指向“检查”，转动常数钮指向“1”刻度线，转动温度钮指向“25”刻度线，然后调节校准钮，使仪器显示“100.0 μS/cm”，至此校准完毕。

③ 用蒸馏水清洗电极，确保电极表面干净无杂质。将电极插入待测溶液中，确保电极完全浸没在溶液中且没有气泡。搅拌溶液使其均匀，然后静置片刻待读数稳定。记录显示屏上的电导率值或相关参数。

④ 测量完毕后，将电极从溶液中取出并用蒸馏水清洗干净，以便下次使用。

(2)注意事项

① 在使用 DDS-307 电导率仪时，应确保仪器放置在平稳、干燥、通风良好的环境中，避免阳光直射和潮湿。

② 电极是仪器的关键部件之一，应妥善保管和使用。在测量前应对电极进行清洗和检查，确保其干净无损坏。

③ 在进行校准和测量时，应按照仪器说明书中的步骤进行操作，避免误操作导致仪器损坏或测量结果不准确。

6. 马弗炉

马弗炉(也称为箱式炉或茂福炉)是一种在实验室和工业中广泛应用的加热设备，如图 2-5 所示。它以其高效、均匀且可控的加热特性而著称，能够满足各种材料在不同温度条件下的处理需求。

(1)主要特点

① 马弗炉能够加热到非常高的温度，一些高端型号甚至可以达到数千摄氏度，适用于需要高温处理的材料或工艺。

② 通过合理的炉膛设计和优质的保温材料，马弗炉能够在整个炉膛内实现温度的均匀分布，减少温度梯度，确保加热效果的一致性和稳定性。

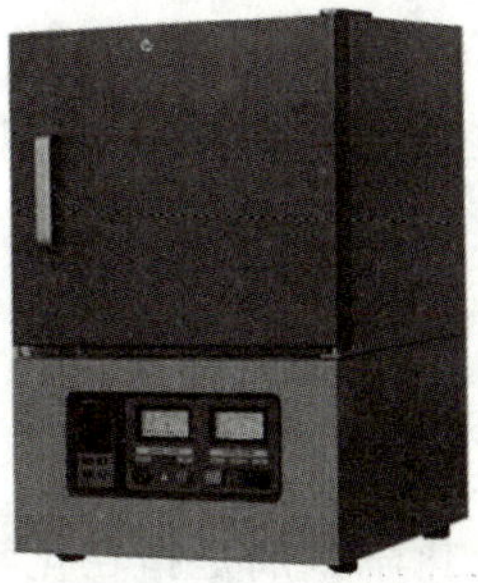

图 2-5　马弗炉

③ 现代马弗炉大多配备了先进的温度控制系统，能够实现精确的温度设定、自动升温和降温、温度曲线编程等功能。用户可以

根据需要设定不同的加热程序，实现复杂的热处理工艺。

④ 根据加热需求和温度范围的不同，马弗炉可以采用不同种类的加热元件，如电阻丝、硅碳棒、石墨等。这些加热元件具有不同的特性和优势，可以满足不同材料和工艺的加热需求。

⑤ 马弗炉在设计和制造过程中注重安全防护，通常配备有过温保护、超压保护、漏电保护等多种安全装置。这些装置能够在异常情况下自动切断电源或发出警报，确保操作人员的安全。

(2)使用方法

① 准备工作。确认马弗炉的工作电压和额定功率是否符合要求，检查电源线是否连接良好，并确保接地线完好且接地可靠。如果是第一次使用或长期停用后再次使用，应先进行烘炉处理。烘炉的目的是去除炉膛内的水分和杂质，提高炉膛的耐高温性能。具体烘炉温度和时间可根据设备说明书进行设定，一般从室温逐渐升至最高温度并保持一段时间。

② 样品加载。根据实验或生产需求选择合适的样品，避免使用易燃、易爆、有毒或有化学反应的物质。将样品放置在马弗炉的加热区域内，注意避免样品与加热元件直接接触，可以使用特定的样品托盘或隔热材料来保护样品和加热元件。

③ 温度设定与控制。将控制器后面的固定插座与高温炉相连接，控制器后面的插头与220 V交流电源相接，并确保电源外路接有闸刀开关及保险丝盒等装置。根据实验或生产要求，设定所需的加热温度。马弗炉通常配备有温度控制装置，可以通过按钮、旋钮或数字面板进行温度设定。按下启动按钮，马弗炉开始加热。加热过程中应密切观察温度变化和样品状态，确保加热过程安全稳定。

④ 加热过程。在加热过程中应定期观察样品的状态和颜色变化，以便及时发现异常情况并采取相应的处理措施。如果需要调整加热温度，可以按照设备说明书上的操作方法进行调节。但应注意避免急剧的温度变化对样品造成不良影响。

⑤ 收尾工作。当加热时间到达后或样品达到所需状态后，应停止加热并将温度设定为低温状态或关闭电源。让样品在炉内自然冷却一段时间后再取出。在取出样品时应佩戴防护手套等防护用品以防烫伤，并轻拿轻放避免损坏炉膛和样品。使用完毕后应及时清理炉膛内的灰尘和杂物，保持炉膛的清洁和干燥。

(3)注意事项

① 在不使用时应将马弗炉存放在干燥、通风的地方，避免受潮和腐蚀影响使用寿命。

② 在使用马弗炉的过程中，需要全程值守。使用前需经过培训，操作时细心认真，不可分心。佩戴隔热手套取物，避免人手直接接触过热仪器。取物时若不慎被烫伤，应立即用自来水冲洗烫伤部位，如果烫伤严重应立即就医。

③ 不要在马弗炉附近使用可燃物，避免因高温引起火灾。在使用完毕后，要确保马弗炉的电源已经关闭，并定期对马弗炉进行维护检查。

2.4 化学试剂常识

化学试剂是指在化学实验、分析测试、科研开发及工业生产过程中，用于化学反应、物质分析、合成制备等的纯化学品或混合物。它们以其特定的化学性质在科研和生产中发挥着不可替代的作用。

2.4.1 化学试剂的分类

化学试剂可根据其性质、纯度及危险性等多种标准进行分类，常见的几种分类方式如下。

1. 按性质分类

① 无机试剂。包括酸、碱、盐、氧化物、金属等无机化合物。这些试剂在化学反应中常作为催化剂、反应物或溶剂使用。

② 有机试剂。主要由碳、氢元素组成，并可能含有氧、氮、硫等其他元素的化合物。有机试剂在有机化学、生物化学等领域有广泛应用。

③ 生化试剂。专门用于生物化学实验的试剂，如酶、抗体、培养基等。这些试剂对于生命科学研究和生物技术产业至关重要。

2. 按纯度分类

① 优级纯试剂(GR)。通常具有非常高的纯度，杂质含量极低，常用于精密分析、半导体制造、电子材料、光学玻璃等特殊领域。纯度一般在 99.99%以上，部分甚至达到 99.999%或更高。

② 分析纯试剂(AR)。适用于精确的分析工作和科学研究工作，如滴定分析、光度分析、色谱分析等。纯度较高，杂质含量较低，但相对于优级纯试剂来说，其纯度稍低。一般认为其纯度在 99.0%以上，能够满足大部分分析测试的需求。

③ 化学纯试剂(CP)。主要用于一般的化学实验和教学实验，对纯度要求不高，但应保证主要化学成分的含量。纯度通常低于分析纯试剂，但仍能满足一般化学实验的需求。

④ 实验试剂(LR)。纯度最低的一类试剂，主要用于学生实验或初步的实验探索。其杂质含量相对较高，但足以满足初步了解化学反应或性质的教学目的。

3. 按危险性分类

① 易燃易爆品。如乙醇、乙醚等，存储和使用时需特别注意防火防爆。

② 腐蚀性物质。如强酸、强碱等，能腐蚀皮肤、眼睛和金属等物体。

③ 有毒有害品。如重金属盐、有机毒物等，对人体健康和环境有害。

2.4.2 化学试剂的规格和分级

化学试剂的规格通常指其纯度、含量、包装形式等具体参数，这些参数对于试剂的选用和使用至关重要。以下是一些常见的规格参数。

(1)纯度

纯度是化学试剂规格的核心指标之一，它表示试剂中目标化合物的含量比例。不同纯度的试剂适用于不同的实验需求。例如，分析纯试剂的纯度通常要求在 99.0%以上，以满足精确分析的需求；而化学纯试剂的纯度则相对较低，但仍能满足一般实验的要求。

(2)含量

含量是指试剂中目标化合物的具体质量或体积分数。对于某些需要精确控制反应物用量的实验来说，了解试剂的含量至关重要。例如，在制备标准溶液时，需要准确知道溶质的质量和溶剂的体积以计算出准确的浓度。

(3)包装形式

包装形式也是化学试剂规格的一个重要方面。常见的包装形式包括瓶装、桶装、袋装等。不同包装形式的试剂适用于不同的存储和使用场景。例如，易挥发的试剂通常采用密封性好的瓶装形式以减少挥发损失，而大量使用的试剂则可能采用桶装或袋装形式以便于搬运和存储。

(4)其他规格参数

除了纯度、含量和包装形式外，化学试剂的规格还可能包括其他参数，如密度、熔点、沸点、pH 等。这些参数有助于进一步了解试剂的性质和用途，并在实验过程中提供重要的参考信息。

化学试剂的分级主要是基于其纯度和适用场景来划分的，常见的分级见表 2-4 和表 2-5。

表 2-4 化学试剂等级对照表

试剂等级	一级	二级	三级	四级
试剂规格	优级纯	分析纯	化学纯	实验试剂
标签颜色	绿色	红色	蓝色	黄色
国际通用等级符号	GR	AR	CP	LR
杂质含量	很低	低	略高于分析纯	略高于化学纯
适用范围	精确的分析和科学研究	一般分析和科学研究	工业分析和教学实验	用于一般化学实验

表 2-5 其他级别化学试剂等级对照表

试剂等级	用途	标签颜色	通用等级符号
色谱纯	气相色谱分析 液相色谱分析	/	GC LC
光谱纯	用于光谱分析(如紫外-可见分光光度法、红外光谱法等)	/	SP
生化试剂	配制生物化学检验试剂	咖啡色	BR
生物染色剂	配制微生物标本染色液	玫瑰红色	BS
指示剂	配制指示剂溶液	/	Ind.

2.4.3 化学试剂的选用和管理

化学试剂的选用和管理是化学实验中不可忽视的重要环节。只有严格遵循相关规定和要求，才能确保实验的顺利进行和人员的安全。同时，也应该积极倡导绿色化学实验理念，为保护环境做出积极的贡献。因此化学试剂的选用应遵循以下基本要求：

① 要熟知常用试剂的关键性质，包括酸碱浓度、在水中的溶解度、沸点、毒性以及化学性质，以确保实验安全和试剂有效性。

② 实验中试剂选用应基于实验基本要求，避免无谓追求高纯度。对于一般无机、有机实验，CP 或 LR 已足够；高纯度要求实验可选 AR 或 GR。原则是符合实验精度即可，尽量选用低等级试剂。

③ 试剂开瓶前需明确其特性，依条件安全开启，避免瓶口对准面部。使用后应即时加盖，防止盖错瓶塞。因化学试剂特性各异，如见光分解、遇空气氧化等，故需深入了解其理化性质，并创造适宜条件开瓶，以确保试剂质量及人员安全。

④ 在试剂的取用过程中，必须严格防止人为造成的污染。一旦从试剂瓶中取出试剂，无论其是固体还是液体，都不应再放回原试剂瓶，以免引入杂质或污染物。对于固体试剂的取用，应坚持使用专用的勺子或工具，确保每次取用的都是纯净的试剂。对于液体试剂的取用，则需根据实验要求准确量取所需量，并直接将其倒入量器中。若不慎取用过量，这些多余的液体不应倒回试剂瓶，以免污染整瓶试剂。至于剩余的试剂，可以考虑提供给其他需要的人员继续使用，或者将其收集到专用的回收瓶中，以便后续处理。

⑤ 试剂分装后，其标签上须注明名称、规格、分装日期、产品出厂日期等。

⑥ 试剂使用后，必须迅速并妥善地盖好瓶盖或密封容器，以防止因密封不当导致的泄漏情况，尤其对那些具有毒性、危害性、腐蚀性以及易燃易爆特性的试剂，更需加倍谨慎。这些危险试剂一旦发生泄漏，不仅会对周围环境造成潜在污染，还可能对实验室内的人员构成健康威胁。因此，在接触和处理这些试剂时，必须穿戴合适的个人防护装备，包括但不限于化学防护服、专业的防护手套、护目镜以及呼吸防护装置等，以确保个人安全，并防止任何可能的伤害事故。

⑦ 遵守实验室安全规定，了解并熟悉实验室应急预案。在发生试剂泄漏、溅洒或人员受伤等紧急情况时，能够迅速采取正确的应对措施，如使用中和剂、冲洗受伤部位、撤离危险区域等，以减少损害并保障人员安全。

⑧对于具有易燃易爆、易挥发等特性的试剂，在储存和使用过程中应特别注意通风条件，确保实验室内空气流通，以降低火灾和爆炸的风险。同时，这些试剂应远离火源、热源和强氧化剂等潜在的危险源。

⑨ 定期对实验室内的试剂进行检查和整理，及时清理过期、失效或不再需要的试剂，确保试剂的有效性和实验室的整洁。同时，对于特殊试剂，如放射性同位素、剧毒化学品等，应按照相关法规和规定进行严格的管理和处置。

⑩ 鼓励使用环保型试剂和绿色化学实验方法，减少化学试剂的使用量和废弃物的产生，降低对环境的负面影响。

2.5 玻璃仪器的洗涤、干燥和保存

2.5.1 玻璃仪器的洗涤

玻璃仪器是否干净，会影响到实验结果的准确性，因此应该保证所使用的仪器是洁净的。一般玻璃仪器洗干净后，应该均匀透明，内壁附着一层水膜、不挂水珠。洗涤玻璃仪器应根据实验的要求、污垢的性质和污染的程度来选用不同的洗涤方法。一般附着在仪器上的污垢既

有可溶性物质，也有不溶性物质，还有油污等有机物质。针对不同情况，可以分别采用下列洗涤方法。

(1)用水刷洗

这种方法既可以使可溶性物质溶去，也可以使附着在仪器上的尘土和不溶性物质脱落下来。但不能洗去油污和有机物质。

(2)用去污粉、肥皂或合成洗涤剂洗

肥皂和合成洗涤剂的去污原理非常简单。去污粉由碳酸钠、白土、细沙等混合而成，使用时，首先把要洗的仪器用少许水湿润，洒入少量去污粉，然后用毛刷擦洗。碳酸钠是一种碱性物质，具有强的去污能力，而细沙的摩擦作用以及白土的吸附作用则增强了仪器清洗的效果。待仪器的内外器壁都经过仔细的擦洗后，用自来水冲去仪器内外的去污粉，要冲洗到没有细微的白色颗粒状粉末残留为止。用洗涤剂清洗仪器后，需用自来水洗净洗涤剂，最后用蒸馏水冲洗仪器内壁 3 次，把自来水带来的 Ca^{2+}、Mg^{2+}、Cl^{-} 等离子洗去，洗涤时应坚持少量多次原则。

(3)用铬酸洗液洗

将 5 g 固体重铬酸钾溶于 100 mL 工业浓硫酸中可得到铬酸洗液。铬酸洗液具有很强的氧化性，对有机物和油污的去污能力特别强。在进行精确的定量实验时，往往遇到一些口小、管细的仪器，很难用上述的方法洗涤，这时可用铬酸洗液来洗。向仪器内加入少量洗液，使仪器倾斜并慢慢转动，让仪器内壁全部被洗液湿润；再转动仪器，使洗液在仪器内壁流动，洗液转动几圈后，把洗液倒回原瓶内；尽量倒净仪器内洗液，然后用自来水把仪器壁上残留的洗液洗去，最后用蒸馏水洗 3 次。

需要说明的是，能用别的洗涤方法洗干净的仪器，就不要用铬酸洗液洗，因为它具有毒性。洗液的吸水性很强，应该随时把装洗液的瓶子盖严，以防吸水，降低去污能力。洗液反复使用直到出现绿色(重铬酸钾还原成硫酸铬的颜色)，就失去了去污能力，不能继续使用。废旧洗液不得随意处置，必须倒入废液缸进行专业无害化环保处理。

(4)特殊物质的清洗

应该根据沾在器壁上的各种物质的性质，采用适当的方法或药品来处理。例如，沾在器壁上的二氧化锰用浓盐酸来处理，就很容易除去。

凡是洗净的仪器，绝不能再用布或纸擦拭。因为布或纸的纤维将会留在器壁上而污染仪器。

2.5.2 玻璃仪器的干燥

(1)自然晾干

对于不急用的仪器，在洗净后就可以倒置于干净的架子上或专用橱内，任其自然晾干。倒置有防尘作用。

(2)加热干燥

洗净的仪器可以放在鼓风干燥箱(温度控制在 105 ℃左右)内烘干。还可以用气流干燥器烘干仪器。

(3)有机溶剂法

带有刻度的计量仪器，不能用加热的方法进行干燥，因为它会影响仪器的精密度。可以加一些易挥发的有机溶剂(最常用的是乙醇或乙醇与丙酮体积比为 1∶1 的混合液)，取少量倒入已洗净的仪器中，倾斜并转动仪器，使器壁上的水与有机溶剂互相混合，然后倒出。极少量残留在仪器中的混合液，会很快挥发干。如果利用吹风机往仪器中吹风，会干得更快。

2.5.3　玻璃仪器的保存

在实验室中，正确保存玻璃仪器对于保持其清洁度和避免污染至关重要。对于已经洗干净并干燥的玻璃仪器，应该采取以下措施进行妥善保存。

(1)倒置存放

为了防止灰尘和污染物落在仪器内部，一般应将洗干净的玻璃仪器倒置于干净的专门橱内。这种倒置的方式不仅有助于防尘，还可以防止仪器内部因长时间积水而产生水渍或霉变。

(2)橱内设置

为了有序地存放玻璃仪器，橱内应设有带孔的隔板。这些隔板上的孔洞可使实验人员方便地将仪器插入其中，既节省了空间，又避免了仪器之间的相互碰撞和摩擦，从而保护了仪器的完整性。

(3)橱门管理

橱门应随时保持关闭状态，以防灰尘和杂质进入橱内污染仪器。这要求实验人员在使用完仪器后，要养成及时将仪器归位并关闭橱门的好习惯。

(4)小型仪器保存

对于常用的小型玻璃仪器，如试管、烧杯等，可以使用玻璃罩进行覆盖保护。玻璃罩可以有效地隔绝外界灰尘和空气对仪器的侵蚀，保持仪器的清洁度和透明度。

(5)移液管保存

移液管是精密的玻璃仪器，其保存需要特别注意。一般来说，移液管的两头可以用干净的滤纸包好，然后置于专用的架子上进行存放。这样可以防止移液管受到外界污染，同时也有利于保持其形状和精密度。

(6)滴定管保存

滴定管是另一种常用的精密玻璃仪器，其保存方法也有特殊要求。滴定管可以倒置于滴定管架上进行保存，这样既可以防止灰尘进入管内，又方便了取用。另外，也可以将滴定管加满蒸馏水，并在上口加盖指形管进行防尘处理。这种方法适用于需要长时间保存的滴定管，可以有效地防止其内部因干燥而产生裂纹或变形。

2.6　常用称量仪器及称量方法

电子天平作为先进的称量仪器，基于电磁力平衡原理实现快速、高精度的直接称量，无需砝码，具备称量速度快、精度高的特点。其设计采用现代技术，如弹簧片支撑、差动变压器及数字显示，赋予其体积小、寿命长、性能稳定、操作简便和灵敏度高的优势。此外，电子天平还集成了自动校正、去皮、超载显示、故障报警等功能，并支持质量电信号输出，可与计算机等设备联用，实现数据统计与分析。尽管价格较高，但因其性能显著优于机械天平，电子天平已广泛应用于各领域，并逐渐取代传统机械天平。

电子天平作为现代实验室和日常生活中常用的测量工具，根据其功能和精度的不同，可以细分为多种类型，其中电子台秤和分析天平是两种最具代表性的类型。电子台秤适用于大质量物体的快速称量，而分析天平则专注于高精度实验室应用。

2.6.1 电子台秤

以 YP-601N 型电子台秤为例（图 2-6），这款台秤的称量精度为 0.1 g，其称量范围为 0～600 g，适用于对精确度要求不严苛的称量场景。其使用方法如下：

图 2-6 YP-601N 型电子台秤

① 调整水平：使用前须通过调节台秤底部的地脚螺栓，确保台秤放置平稳，直至观察到水平仪内的气泡居中于圆环内，以此保证称量的准确性。

② 开机自检：连接台秤至电源后，按下“开/关”键，启动台秤，屏幕将进行全屏自检，以确认各部件工作正常。

③ 预热：台秤在初次通电或长时间未使用后，需要至少预热 30 min，以确保测量结果的稳定性和准确性。

④ 校正：首次使用或需要校正时，在无负载状态下长按“置零/校准”键，直至屏幕显示“—CAL—”字样后松开。随后，屏幕将提示所需的校准砝码值，此时须将对应质量的标准砝码精确放置于秤盘中央。等待片刻，屏幕显示“——”即进入校准流程，当屏幕显示的数值与校准砝码质量一致时，表示校准成功完成。若校准后发现称量结果仍不准确，可重复上述步骤进行再次校准。

⑤ 样品称量：校准完成后，可使用“置零/校准”键进行去皮操作，以清零当前质量，随后将待测样品放置在秤盘上即可进行称量。

⑥ 关机：称量工作结束后，按下“开/关”键关闭台秤，并将台秤恢复到初始状态以便下次使用。若将长期不使用，建议拔下电源适配器插头，以节约能源并延长台秤使用寿命。

2.6.2 分析天平

分析天平是一种高精度电子天平，其称量精度可达 0.0001 g，常用于实验室中对物质进行精确称量。以梅特勒 ME204 型分析天平（图 2-7）为例，以下是该分析天平的使用方法：

图 2-7 梅特勒 ME204 型分析天平

1. 准备

① 确保天平放置在平稳、无震动、无风且温度恒定的环境中。天平对工作环境温度、湿度有一定要求，通常建议将温度控制在 10～30 ℃，相对湿度在 50%～70%。

② 使用水平仪检查天平是否水平，如有需要，通过调整天平底部的调平底座来校正。电子天平一般有两个调平底座，一般位于后面，也有位于前面的。旋转这两个调平底座，就可以调整天平至水平。

电子天平需通过水准泡校准以确保准确称量。水准泡需位于液腔中央，偏移需重调。初学者可倾斜天平至水准泡中央，观察并调整高低不平的调平底座至中央线。单独或同时旋转调平底座时，需保持方向一致，确保天平倾斜度不变，使水准泡准确归位至液腔中央，从而保证称量准确性。

③ 用软布擦拭天平及其周围区域，避免灰尘或异物影响测量精度。

④ 检查硅胶是否变色失效，若是，应及时更换。

2. 开机预热

① 连接电源：将交流电源适配器插头插入天平上的交流电源适配器插座，另一端接通电源。

② 开机预热：按“0/T”键，当天平显示 0.0000 g 时，预热至少 30 min，有的天平可能需要预热更长时间，具体以说明书为准。预热可以稳定天平的内部温度和机械结构，提高测量精度。

3. 校准

① 清空秤盘：在开机状态下，清除天平秤盘上的被称量物，按“0/T”键去皮。

② 进入校准模式：待天平显示器稳定显示后，长按“CAL”键，直至出现“ADJ. EXT”(外部调整)或类似提示。

③ 执行校准：短按某个键(具体按键可能因天平型号而异)，显示屏上显示称量值，如有必要可自行定义不同的称量值，然后长按该键执行“外部校正”。显示屏上会闪烁必需的校正砝码值，将校正砝码放置在秤盘的中心位置，关闭玻璃门，天平将自动进行校正。

④ 完成校准：当“零”在闪烁时，取出校正砝码。当显示屏上短时间出现信息“ADJ. DONE”(校正完成)时，天平的校正过程结束。

4. 称量操作

① 置零：短按“0/T”键置零。

② 放置样品：将所需要称量的样品放置在秤盘上，注意要轻轻放置，避免产生冲击力。同时，确保天平门关闭。

③ 等待稳定：等待直至不稳定度探测器“0”消失并听到稳定声音响起，此时可以读取称量结果。

5. 关机与维护

① 关闭电源：称量完毕后，取出称量样品，确定天平秤盘上清洁无物后，关好天平门，然后按住“0/T”键直至天平关闭。

② 清洁保养：每次用完天平后应做好清洁工作，罩好防尘罩。保持天平室内清洁和干燥，避免灰尘或其他杂物进入电子天平壳体。

③ 定期检查：经常对电子天平进行自校或定期外校，保证其处于最佳状态。天平放妥后不宜经常搬动，必须搬动时，移动天平位置后应重新校准才可使用。

6. 注意事项

① 天平应避免阳光照射，保持干燥，防止腐蚀性气体的侵袭。天平应放在牢固的台上避免震动。

② 天平箱内应保持清洁，要定期放置和更换吸湿变色干燥剂(硅胶)，以保持干燥。

③ 称量物的总质量不能超过天平的称量范围。在固定质量称量时要特别注意。

④ 远离强磁场和热源，以免影响测量精度。对于过热或过冷的称量物，应使其回到室温后方可称量。

⑤ 开关天平门和加取物体时要轻缓。

⑥ 化学药品和腐蚀性物品，必须放在适当的容器中（如烧杯、表面皿、称量瓶等），不得直接放在秤盘上。

⑦ 称量完毕，应关好天平门，关闭天平，罩上天平罩，在天平使用登记本上写清使用情况。

2.6.3 样品的称量方法

在化学实验和实验室工作中，称量固体物质时常常采用多种不同的方法，以适应不同的实验需求和物质特性。样品常用的称量方法有直接称量法、固定质量称量法和递减称量法。

1. 直接称量法

直接称量法是最简单直接的称量方法，用于测量一个物体或试样的质量，无须进行额外的质量调整或计算。

(1)操作步骤

① 准备：确保天平稳定、水平，并已进行必要的预热和校正。

② 清零：按下天平的"清零"或"TAR"键，将显示值归零。

③ 放置样品：轻轻地将待测样品放在天平的托盘上，确保样品与托盘接触良好，无倾斜或晃动。

④ 读数：等待天平显示稳定后，读取并记录样品的质量。

⑤ 取出样品：从天平上取下样品，关闭天平门或盖子。

(2)适用场景

适用于称量洁净、干燥、不易潮解或升华的固体试样，如称量小烧杯、干燥剂、标准物质等。

2. 固定质量称量法

固定质量称量法是先在天平上放置一个已知质量的容器（如烧杯、称量瓶等），然后加入待测物质，直至达到预定的总质量。

(1)操作步骤

① 准备容器：选择一个干净的容器，并预先称量其质量。

② 放置容器：将容器放在天平的托盘上，清零或记录容器的初始质量。

③ 加入样品：使用药匙或漏斗等工具，将待测物质逐渐加入容器中，同时观察天平的显示值。

④ 调整质量：继续加入样品，直至天平显示达到预定的总质量。

⑤ 记录结果：从总质量中减去容器的质量，即可得到待测物质的质量。

(2)适用场景

适用于需要精确控制样品质量的实验，如配制标准溶液、进行定量分析等。

3. 递减称量法

递减称量法是先在天平上称量出一定质量的样品和容器的总质量，然后取出部分样品供使用，再称量剩余样品和容器的质量，通过计算两次称量差值来确定取出的样品质量。

(1)操作步骤

① 称量总质量：将待测样品和容器一起放在天平上，称量并记录总质量。

② 取出样品:使用药匙或其他工具,从容器中取出部分样品供使用。

③ 称量剩余质量:将剩余的样品和容器放回天平上,称量并记录剩余质量。

④ 计算差值:用总质量减去剩余质量,即可得到取出样品的质量。

(2)适用场景

适用于易吸湿、易氧化或易与空气中的成分发生反应的样品,以及需要频繁取用样品的实验。通过递减称量法,可以减少样品与空气接触的时间,降低样品变质的风险。

2.7　容量仪器的使用及溶液的配制

溶液的配制是化学实验中一个非常重要的环节,它直接影响到实验结果的准确性和可靠性。根据实验对溶液浓度准确性的不同要求,可以选择不同的仪器和方法来配制溶液。当实验对溶液浓度的准确性要求不高时,可以使用低精度的仪器如台秤和量筒来配制溶液。这种方法操作简便,但需要注意的是,由于仪器本身的精度限制,配制出的溶液浓度可能存在一定的误差。在定量测定实验中,为了获得准确浓度的溶液,必须使用高精度的仪器如分析天平和容量瓶来配制。这种方法虽然操作相对复杂,但能够显著提高溶液浓度的准确性。

2.7.1　容量仪器的使用

1. 量筒的使用

量筒是化学实验室中最常用的度量液体的仪器,其使用要注意以下几点:

① 量筒有不同的容量,可根据不同需要选用。例如:需要量取 8.0 mL 液体时,为了提高测量的准确度,应选用 10 mL 量筒(测量误差为± 0.1 mL);如果选用 100 mL 量筒取 8.0 mL 液体体积,则至少有± 1 mL 的误差。

② 向量筒中倾倒液体时,应使量筒保持略微倾斜,并使两个容器瓶口紧密相靠,缓慢倾倒液体进入量筒。读取量筒的刻度值,一定要使视线与量筒内液面(半月形弯曲面)的最低(或最高)点处于同一水平线上,否则会增加体积的测量误差。如果视线低于液面的最低(或最高)点则读数会偏小,如果视线高于液面的最低(或最高)点则读数偏大,如图 2-8 所示。

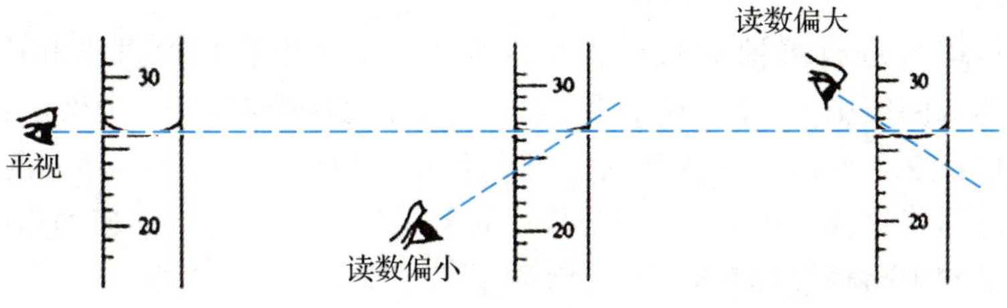

图 2-8　量筒的使用

③ 量筒不能装热的液体。

④ 量筒应竖直放在桌面上,读数时,视线应和液面水平,读取与弯月面相切的刻度。

⑤ 不可对其加热,不可作实验(如溶解、稀释等)容器,防止破裂;不可量热溶液或液体,防止容积不准确。

2. 移液管、吸量管的使用

移液管(图 2-9a)和吸量管(图 2-9b)是化学实验中常用的精确量取液体的工具,掌握它们的使用方法和注意事项对于保证实验结果的准确性至关重要。

移液管是一种中间带有膨大部分(球部)的玻璃管,球部上下均为细窄的管颈,上端管颈刻有标线,也称"单标线吸量管",用于准确移取固定体积的溶液。

移液管的使用如图 2-10 所示,包括以下几个步骤。

(1)洗涤

在使用移液管之前,首先需要进行洗涤。洗涤的目的是去除移液管内壁可能附着的杂质或残留物,以免对后续的量取操作产生影响。洗涤时,一般用蒸馏水或去离子水进行冲洗,确保移液管内壁干净无污。

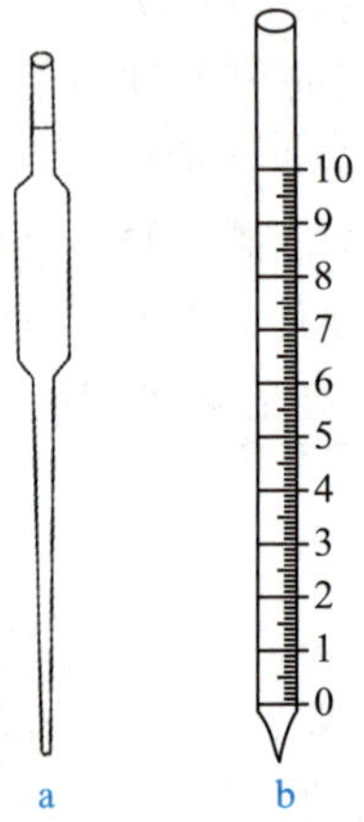

图 2-9 移液管(a)和吸量管(b)

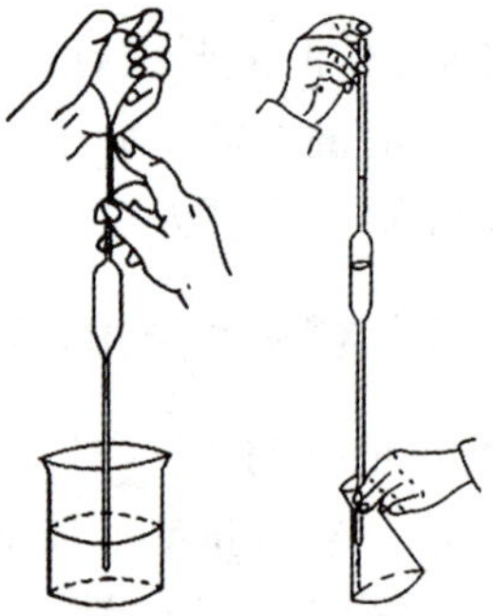
图 2-10 移液管的使用

(2)润洗

洗涤完成后,接下来进行润洗。润洗的目的是用待量取的溶液润湿移液管内壁,以减小溶液在移液管内壁的附着,从而提高量取的准确性。润洗时,应使用少量待量取的溶液沿着移液管内壁旋转冲洗,确保内壁充分润湿。注意,润洗后的溶液应弃去,不可直接用于后续的量取。

(3)吸取溶液

润洗完成后,即可进行溶液的吸取。吸取溶液时,用右手的大拇指和中指拿住管颈上方,下部的尖端插入溶液中 1~2 cm,左手拿洗耳球,先把球中空气压出,然后将球的尖端接在移液管口,慢慢松开左手使溶液吸入管内。当液面升高到刻度以上时,移去洗耳球,立即用右手的食指按住管口,将移液管下口提出液面,管的末端仍靠在盛溶液器皿的内壁上。这时略微放松食指,用拇指和中指轻轻捻转管身,使液面平稳下降,直到溶液的弯月面与标线相切时,立即用食指压紧管口,使液体不再流出。

(4)放出溶液

取出移液管,用干净的滤纸擦干移液管末端外部的溶液,但不得接触下口,然后插入承接溶液的器皿中,使管的末端靠在器皿内壁上。此时移液管应垂直,承接的器皿倾斜,松开食指,让管内溶液自然地全部沿器壁流下,等待 10~15 s 后,拿出移液管。需要注意的是,在放出溶液的过程中,要特别注意避免产生气泡和溅出。气泡会影响溶液的体积和浓度测量,而溅出则会导致溶液的损失和污染。因此，控制移液管下口的位置、流出的速度和手部的稳定性是至关重要的。

另外，需要注意的是，如果移液管上未标有“吹”字，则残留在移液管末端的溶液不可吹出，因为移液管的容积设计时不包括这部分残留。使用完毕后，应及时清洗移液管并妥善存放。

吸量管是具有分刻度的玻璃管，也称为“分度吸量管”，用于移取非固定量的溶液。其使用方法与移液管类似，但更注重于读取和移取特定体积的溶液。

3. 容量瓶的使用

容量瓶是一种细颈梨形的平底玻璃瓶，带有磨口塞，颈上有标线。一般表示在 20 ℃时，液体充满到标线时的体积。它是用来精确配制一定体积和一定浓度溶液的量器。

(1)检漏

在使用容量瓶之前，首先需要进行检漏操作。这是因为容量瓶带有磨口塞，如果密封不严，可能会导致溶液在配制过程中漏出，从而影响溶液的体积和浓度。检漏的具体方法是将容量瓶内装满水，塞紧瓶塞，用一只手的食指顶住瓶塞，另一只手托住瓶底，将其倒立过来，观察瓶口处是否有水渗出。如果不漏，再把塞子旋转 180°，塞紧、倒置，如仍不漏水，则可使用。

(2)洗涤

在使用前，需要对容量瓶进行洗涤，以去除内壁可能附着的杂质或残留物。洗涤时，一般用蒸馏水或去离子水进行冲洗，注意要将瓶塞、瓶颈等部位都冲洗干净。如果内壁有油污等难以清洗的杂质，可以使用适量的洗涤剂进行清洗，但之后必须多次用蒸馏水冲洗干净，以免残留物影响溶液的配制。

(3)定容

定容是容量瓶使用中的关键步骤。将溶解好的溶液沿玻璃棒转移至容量瓶中，烧杯中的溶液倒尽后烧杯不要立即离开玻璃棒，而应在扶正烧杯的同时使杯嘴沿玻璃棒上提 1～2 cm，随后烧杯即离开玻璃棒，这样可避免杯嘴与玻璃棒之间的 1 滴溶液流到烧杯外面。然后，再用少量水润洗杯壁 3～4 次，每次的润洗液按同样操作转移至容量中。再之后，向容量瓶中加水至离刻度线 1～2 cm 处。接下来，改用胶头滴管逐滴加水，直到凹液面的最低处与刻度线相切。注意在加水过程中，要保持眼睛与刻度线平视，以确保溶液体积的准确。

(4)摇匀

定容完成后，需要盖上瓶塞，用一只手的食指顶住瓶塞，另一只手托住瓶底，将容量瓶反复上下颠倒摇匀。摇匀的目的是使溶液中的溶质分布均匀，从而得到浓度一致的溶液。

定容和摇匀操作如图 2-11 所示。

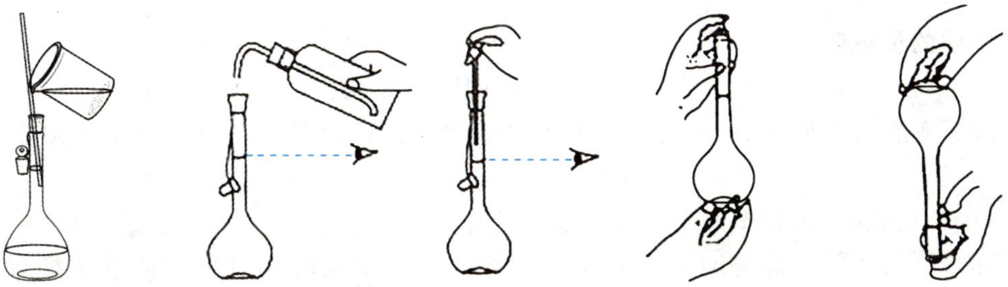

图 2-11　容量瓶的定容和摇匀操作

容量瓶是量器不是容器，不宜长期存放溶液，如果溶液需要使用一段时间，应将溶液转移至试剂瓶中储存，试剂瓶应先用该溶液润洗 2～3 遍，以保证溶液的浓度不变。

4. 比重计的使用

比重计是用来测定溶液相对密度的仪器。它是一支中空的玻璃浮柱，上部有标线，下部为一重锤，内装铅粒。根据溶液相对密度的不同而选用相适应的比重计。通常将比重计分为两种：一种是测量相对密度大于 1 的液体，称作重表；另一种是测量相对密度小于 1 的液体，称作轻表。

测定液体相对密度时，将待测液体注入量筒，然后将清洁干燥的比重计慢慢放入液体中。为了避免比重计在液体中上下沉浮和左右摇动与量筒接触以至打破，故在浸入时，应该用手扶住比重计的上端，并让它浮在液面上。待比重计不再摇动而且不与器壁相碰时，即可读数，读数时视线要与凹液面最低处相切。用完比重计要洗净，擦干，放回盒内。由于液体相对密度的不同，可选用不同量程的比重计。

2.7.2 溶液的配制

在化学实验和工业生产中，溶液的准确配制是一项基础且重要的操作。为了确保所得溶液的浓度和体积符合实验或生产要求，必须遵循严格的配制方法和步骤。以下是一套标准的溶液配制流程，主要包括计算、称量或量取、溶解、转移、洗涤、定容、摇匀、装瓶贴签等 8 个关键步骤。

1. 计算

配制溶液的第一步是准确计算所需溶质的质量和所需溶剂的体积。这通常基于目标溶液的浓度（如质量分数、物质的量浓度）和总体积。计算公式根据浓度类型不同而有所区别，但基本原则是溶质的质量（或物质的量）等于溶液密度（或浓度）乘以溶液体积。

（1）由固体试剂配制溶液涉及的计算

① 质量分数。

$$m_{溶质}=\frac{x\cdot\rho_{溶剂}\cdot V_{溶剂}}{1-x} \tag{2-1}$$

式中：$m_{溶质}$ 为溶质的质量，x 为溶质的质量分数，$\rho_{溶剂}$ 为溶剂的密度，$V_{溶剂}$ 为溶剂的体积。

② 质量摩尔浓度。

$$m_{溶质}=\frac{M\cdot b\cdot V_{溶剂}}{1\ 000} \tag{2-2}$$

式中：$m_{溶质}$ 为溶质的质量，b 为溶质的质量摩尔浓度，M 为溶质的摩尔质量，$V_{溶剂}$ 为溶剂的体积。

③ 物质的量浓度。

$$m_{溶质}=c\cdot V\cdot M \tag{2-3}$$

式中：$m_{溶质}$ 为溶质的质量，c 为溶质的物质的量浓度，V 为溶液的体积，M 为溶质的摩尔质量。

（2）由液体或浓溶液试剂配制溶液涉及的计算

① 质量分数。通过混合两种已知质量分数的溶液配制所需质量分数溶液的计算方法是，把所需溶液的质量分数放在两条直线交叉点上（即中间位置），已知溶液的质量分数放在两

条直线的左端(较大的在上,较小的在下)。然后每条直线上的两个数字相减,差额写在同一直线另一端(右边的上、下),这样就得到所需已知质量分数溶液的份数。如,由 85%和 40%的溶液混合,制备 60%的溶液:

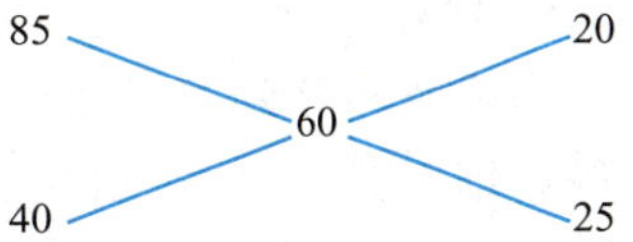

需取用 20 份的 85%溶液和 25 份 40%的溶液混合。

对于用溶剂稀释原液制成所需质量分数的溶液,在计算时只需将左下角较小的质量分数写成零表示纯溶剂即可。如:

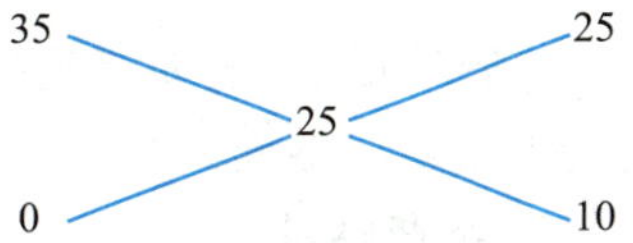

取 25 份的 35%水溶液加 10 份的水,就得 25%的溶液。

由已知质量分数的溶液配制的情况,如果已知原溶液的质量分数 w_1 和所需配制溶液的质量分数 w_2,可以通过质量守恒来计算所需溶质的质量。但通常我们操作的是溶液的体积,因此要先根据目标体积和密度估算目标溶液的总质量,再计算所需溶质的质量。然而,更直接的方法是通过体积比和质量分数关系进行估算,特别是当溶液密度接近水的密度时。简化计算:假设溶液密度接近 $1\ g \cdot mL^{-1}$(如水溶液),则可以直接通过体积比和质量分数来计算所需原溶液的体积。使用以下公式:

$$V_{原} \times w_1 = V_{目标} \times w_2 \tag{2-4}$$

注意上式为近似公式,对于密度差异大的溶液不适用。

② 物质的量浓度。由已知物质的量浓度的溶液稀释,使用稀释公式

$$c_1V_1 = c_2V_2 \tag{2-5}$$

式中:c_1 和 V_1 分别是原溶液的浓度和体积,c_2 和 V_2 分别是目标溶液的浓度和体积。通过这个公式,可以计算出需要取用的原溶液的体积 V_1。

2. 称量或量取

根据计算结果,使用合适的仪器(如电子天平、台秤、量筒、滴定管等)精确称量或量取所需的溶质和溶剂。对于固体溶质,通常使用电子天平或台秤进行称量;对于液体溶质或溶剂,则使用量筒、滴定管等容器进行量取。注意在称量或量取过程中要保持仪器的干燥和清洁,以避免误差。

3. 溶解

将称取好的溶质放入合适的容器中(如烧杯、锥形瓶等),然后缓慢加入量取好的溶剂。在加入过程中应不断搅拌,以促进溶质的溶解。对于某些难溶或微溶物质,可能需要加热、振荡或加入助溶剂等方法来加快溶解速度。

4. 转移

待溶质完全溶解后,将溶液连同少量洗涤液(如有必要)一起转移到容量瓶(或其他指定容器)中。转移过程中应小心操作,避免溶液溅出或产生气泡。同时,要确保容量瓶(或其他指定容器)干净无杂质,以免影响溶液的浓度。

5. 洗涤

为了确保溶质全部转移到容量瓶中,需要对原溶解容器进行洗涤。洗涤液一般选用少量蒸馏水或原溶剂,并沿着容器内壁缓缓倒入,同时轻轻旋转容器使洗涤液与容器内壁充分接触。洗涤液应一并转移到容量瓶中。注意洗涤次数不宜过多,以免稀释溶液。

6. 定容

当溶液转移到容量瓶后，需要加水至容量瓶的标线处以完成定容。加水过程中应使用滴管等精细工具，避免过量加水。当液面接近标线时，应改用滴管逐滴加入，并同时轻轻旋转容量瓶使溶液混合均匀。定容后的溶液体积应严格等于容量瓶的标称容量。

7. 摇匀

定容完成后，需要轻轻摇动容量瓶使溶液混合均匀。摇动过程中应避免剧烈振荡，以免产生气泡或溅出溶液。摇匀后即可视为配制完成。

8. 装瓶贴签

将配制好的溶液从容量瓶中转移到洁净的试剂瓶中，并贴上标签。标签上应注明溶液的名称、浓度、配制日期以及配制者的姓名等信息。贴好标签后，将试剂瓶存放在指定的位置以供后续使用。

2.8 滴定分析基本操作

滴定分析是一种常用的化学分析方法，它基于两种溶液（通常是标准溶液和待测溶液）之间发生的化学反应，通过精确测量反应所需的标准溶液的体积来确定待测溶液中某种组分的含量。这种方法广泛应用于化学、制药、环境科学、食品科学等领域。

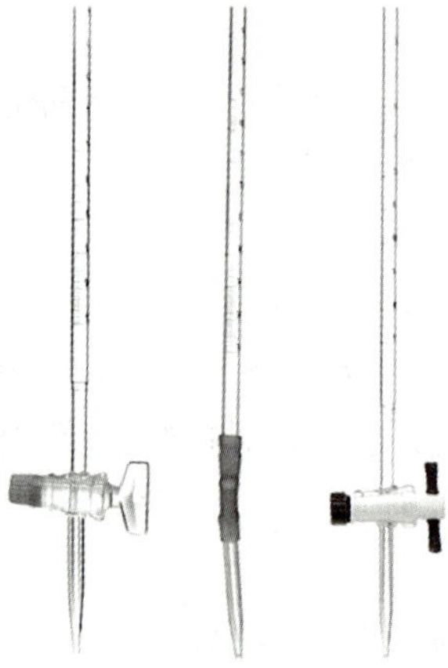

图 2-12 酸式滴定管(a)、碱式滴定管(b)和通用滴定管(c)

滴定分析的基本原理是化学反应的等当量关系，即反应物之间按照一定的化学计量关系进行反应。在滴定过程中，一种已知准确浓度的溶液（标准溶液）被逐渐滴加到另一种溶液（待测溶液）中，直到两者恰好完全反应。此时，所消耗的标准溶液体积与待测溶液中待测组分含量之间存在一定的比例关系，通过这一关系可以计算出待测组分的浓度或含量。

滴定管是滴定分析法所用的主要量器，包括酸式滴定管和碱式滴定管。酸式滴定管下端有磨口玻璃旋塞，可以盛装酸性溶液和氧化性溶液，但不可以盛装碱性溶液，因碱会与磨口玻璃反应而影响旋塞转动（图 2-12a）。碱式滴定管下方有一段橡胶管，管内有玻璃珠，用于控制溶液的流出，橡胶管下端有一尖嘴玻璃管（图 2-12b）。碱式滴定管可以盛装碱性溶液，但不能盛装酸性溶液和氧化性溶液，以防橡胶管被腐蚀。若将酸式滴定管的磨口玻璃旋塞用聚四氟乙烯旋塞代替，则称为通用滴定管（图 2-12c）。这一改进主要基于聚四氟乙烯材料独特的物理化学性质，尤其是其耐酸、耐碱、耐腐蚀的优异性能。通用滴定管对盛装溶液没有特殊要求。

滴定管的管壁上有刻度线和数值，零刻度线在所有刻度线的最上方。最小刻度为 0.1 mL，在使用时需要估读一位，故其精度为 0.01 mL。最常用的滴定管容积为 50 mL，另有 10 mL、5 mL 等不同容积。

1. 使用步骤

滴定管的使用步骤为：检查与检漏→洗涤→润洗→装液与排气泡→初读数→滴定操作→终读数。

(1)检查与检漏

检查滴定管的管身及管尖是否有破损。酸式滴定管还应检查旋塞转动是否顺畅，若不顺畅，可取下旋塞，在旋塞的磨口处用手指涂一层薄薄的凡士林(注意避开活塞孔)后，将旋塞塞回旋塞槽，来回转动至涂抹均匀。碱式滴定管还应检查橡胶管的直径和玻璃珠是否匹配，若不匹配，需及时更换橡胶管或玻璃珠。

酸式滴定管检漏时，应先关闭旋塞，在滴定管内加入自来水。通过旋转旋塞保证滴定管管身及管尖都充满水，然后再次关闭旋塞，保证管内液面在零刻度线以上，将其夹在滴定管架上，静置 1～2 min，观察是否有水从滴定管管尖流出。若无水流出，继续旋转旋塞 180°，再次静置 1～2 min，若仍无水流出，则检漏完成；若漏水，则需及时更换。碱式滴定管通过捏动玻璃珠控制水流，其余操作与酸式滴定管类似。

(2)洗涤

可先用滴定管刷蘸取肥皂水刷洗内壁，再用自来水冲洗干净。若滴定管内的污渍难以去除，可先用铬酸洗液浸泡一段时间后，再用自来水冲洗干净，直至滴定管内壁有一层均匀的水膜，管壁上不挂水珠，也不成股流下。

(3)润洗

清洗完成后的滴定管，应使用去离子水润洗至少 5 次。润洗时，每次用干净的烧杯向滴定管中加入 15 mL 左右的去离子水，双手平端滴定管并转动，使去离子水充分润洗管内壁后，倾斜管身控制一部分去离子水从管上口流出，剩余部分从管尖放出，即完成一次润洗。装入溶液前，还应用待装溶液润洗滴定管 3 次，方法与去离子水润洗相同。

(4)装液与排气泡

关闭旋塞，从滴定管上口加入待装溶液至零刻度线以上。打开旋塞(或捏动玻璃珠)，使溶液充满管尖后，再次关闭旋塞。酸式滴定管管尖的气泡容易被观察到，且通常在全开旋塞后即可自行排出。若仍有气泡，可将酸式滴定管管身倾斜，打开旋塞，稍用力抖动管身，使溶液急速流出，即可排出气泡。碱式滴定管排气泡时，应一手握住管身并稍稍倾斜，一手捏住玻璃珠，并将管尖部分向上弯曲，用力捏动玻璃珠，使部分溶液从尖嘴喷出，即可排出气泡(图 2-13)。

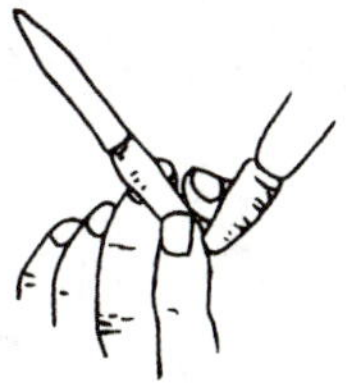

图 2-13　碱式滴定管排气泡方法

(5)初读数

初读数之前，应先保证滴定管内液面在零刻度线以下、靠近零刻度线的某一位置。若高于零刻度线，需放出部分溶液。放出溶液后，应静置 1～2 min 再读数。

读数时，应将滴定管从滴定架上取下，右手大拇指和食指捏住零刻度线以上位置，其余手指不触碰滴定管管身，利用重力作用使滴定管保持竖直。对于无色或浅色溶液，应读取弯月面(凹液面)下缘实线的最低点，使其与视线相切(图 2-14)。对于深色溶液，应读取管内液面两侧与管壁相交的最高点。对于蓝带滴定管，无色或浅色溶液应读取两个弯月面相交的尖点，深色溶液仍读取两侧最高点。为了协助读数，可以使用读数卡。读数卡可用黑纸或涂有黑色方形的白纸。读数时，将读数卡放在滴定管背后，使黑色部分在弯月面下缘约 1 mm 处，此时弯月面会由于反射显出黑色，应读取黑色弯月面的最低点。

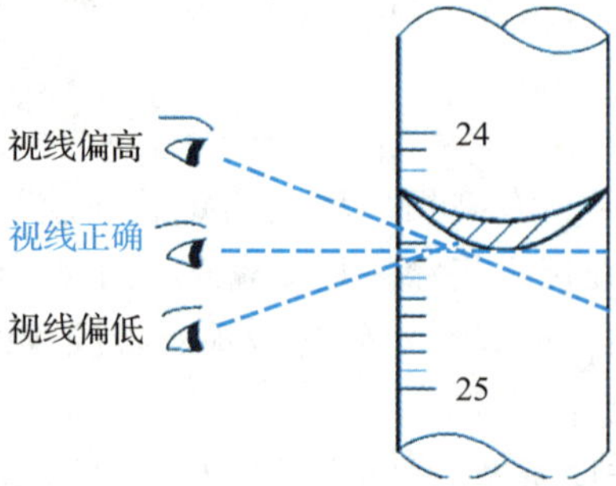

图 2-14　无色或浅色溶液读数时正确的视线位置

读数时，应先读出有刻度的部分，再根据液面位置进行一位估读，读数应精确到 0.01 mL。读数后立即记录。

（6）滴定操作

初读数后，将滴定管夹在滴定架上进行滴定操作。对于酸式滴定管，左手的大拇指在管前，放在旋塞柄上，食指和中指绕过管身，从后方托住旋塞柄，手指略弯曲，向内扣住旋塞，避免产生能将旋塞拉出的力。此时向内转动旋塞，即可控制液体流出（图 2-15）。对于碱式滴定管，应捏住玻璃珠稍靠上的位置，轻轻挤压玻璃珠，即可控制液体流出。注意不要捏玻璃珠靠下的位置，以免气泡进入管内。

滴定时，右手大拇指、食指和中指捏住锥形瓶瓶颈位置，控制锥形瓶向一个方向呈匀速圆周运动。滴定管的管尖应伸入锥形瓶 1～2 cm，但不能碰触锥形瓶内壁，也不能将液体滴出锥形瓶外（图 2-16）。左手控制滴定管中液体的滴速，应一滴一滴滴入，每秒 3～4 滴。接近滴定终点时，应采用半滴操作。即左手控制液滴挂在滴定管的管尖上不滴下（即为半滴），用锥形瓶内壁去靠该半滴液体，使其进入锥形瓶后，立即用洗瓶冲洗液滴靠过的位置，将半滴液体完全冲入下方溶液，摇匀后观察指示剂的颜色变化。重复半滴操作，直到恰好到达变色点。

二维码 2-3
滴定管的操作（图文）

二维码 2-4
酸式滴定管滴定过程（视频）

二维码 2-5
碱式滴定管滴定过程（视频）

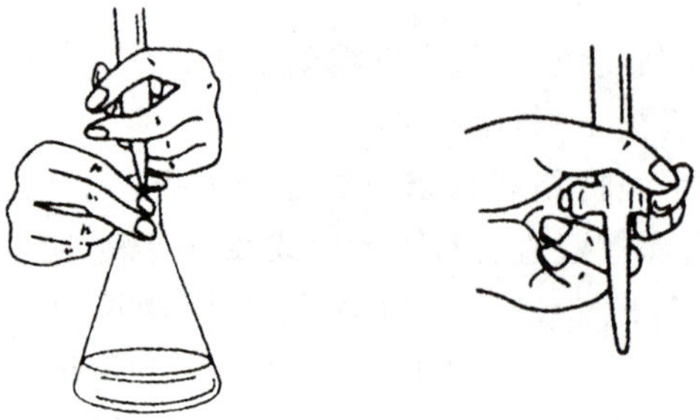

图 2-15　酸式滴定管的滴定操作

图 2-16　碱式滴定管的滴定操作

(7)终读数

指示剂到达变色点后，即停止滴定，进行终读数，读数方法与初读数相同。注意，若滴定后管内液面低于滴定管的 1/2 容积，则读数时手握的位置不宜低于管身的 1/2 处，否则不能保证滴定管竖直。

2. 注意事项

在进行滴定操作时，为了确保结果的准确性和实验的顺利进行，需要注意以下 6 个关键点：

① 每次滴定通常都应从 0.00 mL 刻度开始。这样做的主要目的是减少读数误差、消除初始体积的不确定性、提高实验的可重复性以及便于数据处理和计算等。

② 滴定时，左手应稳定地控制旋塞，避免溶液因为旋塞松动而自流。同时，眼睛应密切观察液滴落点周围溶液颜色的变化，而不是盯着滴定管中的液面看。这是因为滴定反应的终点通常是通过溶液颜色的变化来判断的，而不是通过滴定管中的液面位置来确定的。

③ 滴定速度的控制对于结果的准确性至关重要。开始时，由于反应物浓度较高，反应速度较快，可以稍快滴定，但也要避免过快导致滴定过量。接近滴定终点时，由于反应物浓度降低，反应速度变慢，此时应改为逐滴加入，并每加一滴就充分摇动锥形瓶，使反应充分进行。当接近终点时，更应改为半滴加入，并仔细观察颜色变化，以准确判断终点。

④ 滴定过程中，滴定管尖端应始终保持在锥形瓶口上方，以防溶液溅出。摇动锥形瓶时，应微动手腕关节，使溶液在同一方向(顺时针或逆时针均可)上旋转，形成旋涡。这样可以使溶液混合更加均匀，反应更加充分。同时，应避免前后、上下、左右地剧烈摇动，以免溶液溅出或产生气泡影响结果。此外，还应注意不要让瓶口碰到滴定管口，以免损坏滴定管或锥形瓶。

⑤ 当接近滴定终点时，需要精确控制加入溶液的体积。对于酸式滴定管来说，可以轻轻转动旋塞，使最后一滴溶液悬挂在滴定管尖端，然后迅速将锥形瓶倾斜并转动一圈使溶液均匀分布。如果仍然需要更精确的控制，则可以将滴定管尖端与锥形瓶内壁轻轻接触并转动旋塞以释放半滴溶液。此时应特别小心不要使溶液过量加入。

⑥ 滴定完成后，及时清洗滴定管、锥形瓶等器皿，以备下次使用。

2.9　分离与提纯操作技术

无机化学实验主要对固体物质进行分离和提纯。其操作原理主要依据固体物质在溶解性上的差异以及物质和溶剂沸点的不同实现分离。常见的分离提纯操作有倾析法、过滤、离心、蒸发(浓缩)、重结晶以及干燥。

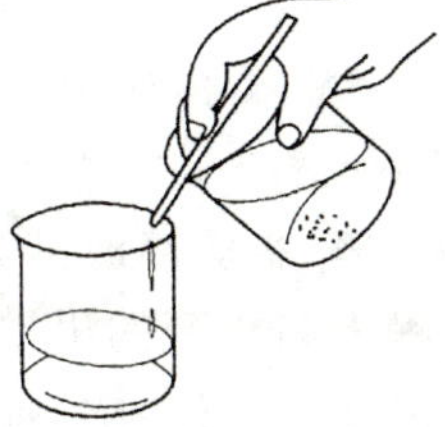

图 2-17　倾析法的操作

2.9.1　倾析法

当沉淀的相对密度较大或晶体的颗粒较大时，静置后能很快沉降到容器的底部，常用倾析法进行分离和洗涤。倾析法的操作如图 2-17 所示，即把沉淀上方的溶液倾倒至另一容器中而使沉淀与溶液分离。向有沉淀的容器内加入少量溶剂(或清洗液)，将沉淀和溶剂充分搅匀，等沉淀沉降完全后，再倒掉上方溶液。如此反复操作 2 ～3 次，就能把沉淀洗净。

2.9.2 过滤

过滤是最常用的固液分离方法之一。当沉淀（或结晶）和溶液的混合物经过过滤器时，沉淀留在过滤器上，称为滤渣；溶液则通过过滤器进入容器中，所得溶液称为滤液，从而实现固液两相的分离。

过滤速度受多种因素影响。一般情况下，溶液的黏度越小，过滤器的孔隙越大，过滤的速度越快。通常热的溶液黏度小，易过滤。过滤器的孔隙太大，小颗粒沉淀易透过；孔隙太小，又易被小颗粒沉淀堵塞，使过滤难以继续进行。因此，应综合考虑各种因素的影响选用不同的过滤方法。例如，当样品黏度较大时，可选用减压过滤的操作，减压过滤因产生较大的压强差，故比常压过滤快。另外，如果沉淀是胶状的，可在过滤前加热，使胶体沉降，以免胶状物透过滤纸。

常用的过滤方法有常压过滤、减压过滤和热过滤 3 种。

1. 常压过滤

常压过滤是最为简单、常用的过滤方法。通常使用漏斗和滤纸进行。普通漏斗大多是玻璃的，锥体的角度为 60°。根据沉淀量选择大小合适的漏斗，应以能容纳沉淀为宜。滤纸有定性滤纸和定量滤纸两种，除做沉淀的质量分析外，一般选用定性滤纸。滤纸按孔隙大小分为“快速”“中速”和“慢速”3 种，应根据沉淀的性质选择滤纸的类型。细晶形沉淀，应选用“慢速”滤纸过滤；粗晶形沉淀，宜选用“中速”滤纸过滤；胶状沉淀，须选用“快速”滤纸过滤。滤纸按直径大小分为 7 cm、9 cm、11 cm 等几种，应根据沉淀量的多少选择滤纸的大小。一般要求沉淀的总体积不得超过滤纸锥体高度的 1/3。滤纸的大小还应与漏斗的大小相适应，一般滤纸上沿应低于漏斗上沿 0.5～1 cm。

过滤前，按四折法将滤纸折成合适的角度，折叠方法见图 2-18。首先，将滤纸对折，然后再对折成直角，拨开一层成圆锥形，内角呈 60°。如果漏斗不正好为 60°角，应适当改变滤纸折叠的角度，保证滤纸与漏斗密合。滤纸锥体一边为三层，另一边为单层。为使滤纸和漏斗内壁紧贴，常在三层厚的外层滤纸折角处撕下一小块。

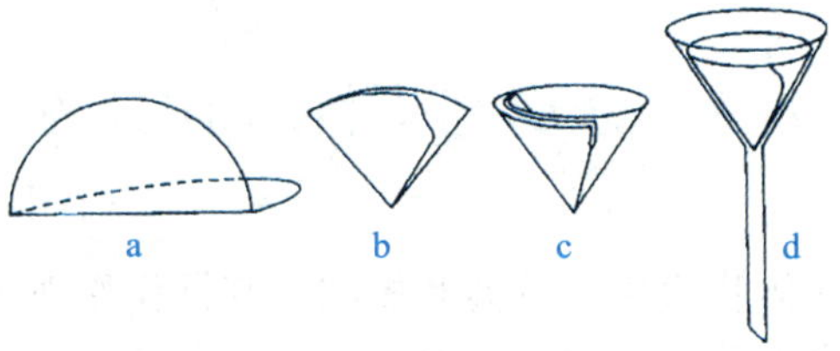

图 2-18　滤纸的折叠方法

将折叠好的滤纸放入漏斗中，用干净的玻璃棒按紧三层的一边，用少量蒸馏水润湿滤纸，轻压滤纸，使滤纸紧贴在漏斗壁上。滤纸边缘应低于漏斗边缘 0.5～1 cm。

如图 2-19 所示，将准备好的漏斗放在漏斗架或铁圈上，下面放一洁净的容器承接滤液，使漏斗尖端靠近容器内壁，以免滤液飞溅损失。漏斗位置的高低，以过滤过程中漏斗颈的出口不接触滤液为宜。倾倒溶液时，使用玻璃棒引流，将溶液和沉淀依次转移到漏斗中。烧杯尖嘴要紧靠玻璃棒，使溶液沿着玻璃棒流入漏斗中。玻璃棒下端对着三层厚的滤纸一边，并尽可能接近滤纸，但不要与滤纸接触。倒入漏斗的液面应比滤纸边缘低约1 cm。当倾液暂停时，应将烧杯沿玻璃棒慢慢向上提一段，再立即放正烧杯，以避免烧杯嘴上的液体流到烧杯外壁。

待沉淀全部转移到滤纸上后，需要对沉淀进行洗涤，除去沉淀表面吸附的杂质。用洗瓶吹出少量细水流，从滤纸上部按螺旋形下移，并使沉淀集中到滤纸下部。洗涤沉淀时应遵循“少量多次”原则，以提高洗涤效率。

使用常压过滤时，有以下两点注意事项：

① 过滤前应先使混合物静置，使不溶物沉降，以提高过滤效率。

② 过滤时，应遵循“一贴、二低、三靠”的原则，即滤纸紧贴漏斗内壁、滤纸边缘低于漏斗边缘、液面低于滤纸边缘、烧杯紧靠玻璃棒、玻璃棒靠在三层滤纸上、漏斗下端管口紧靠烧杯内壁。

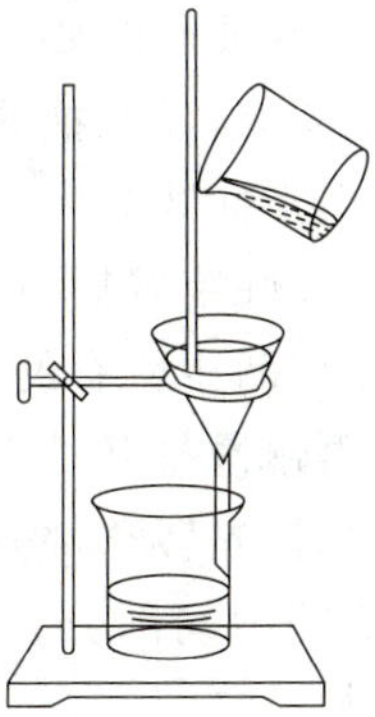

图 2-19　过滤操作

2. 减压过滤

减压过滤（又称真空过滤、抽滤或吸滤）是一种高效的过滤方法，它通过降低抽滤瓶中的压强来产生压力差，从而加速过滤过程，并能使沉淀物达到较为干燥的状态。这种方法的优点在于其过滤速度快，且能处理大量样品。然而，减压过滤并非适用于所有类型的沉淀，特别是对于胶状沉淀和颗粒过小的沉淀，其应用受到一定限制。

对于胶状沉淀，由于其具有较大的黏性和易变形的特点，在快速过滤过程中容易穿透滤纸，导致滤液中含有大量沉淀物，从而影响过滤效果。因此，在处理胶状沉淀时，通常需要采取其他措施，如加热使胶体沉降后再进行过滤，或者使用更致密的过滤材料来防止胶状物穿透。

颗粒过小的沉淀物在减压过滤过程中也容易在滤纸上形成密实的薄层。这种薄层会阻碍滤液的透过，导致过滤速度急剧下降，甚至使过滤无法进行。此外，过小的颗粒还容易堵塞滤纸的孔隙，进一步加剧过滤难度。因此，在处理颗粒过小的沉淀时，也需要选择合适的过滤方法和过滤材料，以确保过滤效果。

减压过滤装置如图 2-20 所示，包括布氏漏斗或玻璃砂芯漏斗、抽滤瓶、安全瓶和抽气装置。抽滤瓶用来承接滤液，其支管与抽气系统相连。布氏漏斗上面有很多小孔，漏斗颈插入单孔橡胶塞或抽滤垫，紧密安装在抽滤瓶上。橡胶塞插入抽滤瓶内的部分不能超过塞子高度的

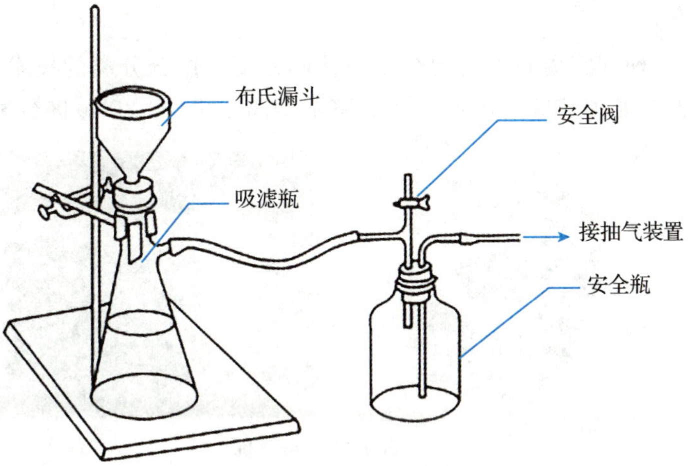

图 2-20　减压过滤装置

2/3。在装配时要注意，布氏漏斗（或玻璃砂芯漏斗）下端的斜口要对准抽滤瓶的支管口。如要保留滤液，需在抽滤瓶和抽气管之间安装一个安全瓶，以防止关闭抽气管或水的流量突然变小时，由于抽滤瓶内压力低于外界大气压而使水反吸入抽滤瓶内造成滤液污染。

装好装置后，将滤纸平放在布氏漏斗内，滤纸的大小应略小于布氏漏斗的内径，但又能完全盖住漏斗所有的小孔。玻璃砂芯漏斗不需要滤纸。减压过滤前，先用少量蒸馏水润湿滤纸，再慢慢打开抽气装置使滤纸紧贴在漏斗底部，避免待滤溶液不经滤纸直接漏入抽滤瓶中。抽滤时，先转移部分上清液，溶液量不得超过漏斗容量的 2/3。待溶液快流尽时再转移沉淀至滤纸的中间部分。随后一直抽气至没有滤液流出为止，并用玻璃塞挤压滤饼，使其尽量滤干溶剂。

洗涤沉淀时，先旋开安全瓶旋塞，使系统恢复常压，再向滤饼加入少量溶剂，使溶剂液面刚好盖住滤饼；静置片刻，使溶剂缓慢渗出滤饼，待有滤液从漏斗下方滴落时，再关闭安全瓶旋塞，减压抽滤，尽量把滤饼抽干。重复几次后，即可把滤饼洗涤干净。

抽滤完毕或中间需停止抽滤时，应特别注意需先拔掉连接抽滤瓶和抽气管的橡胶管或旋开安全瓶旋塞，然后关闭水泵，以防倒吸。

3. 热过滤

当溶液中含有难溶杂质时，就需要通过热过滤的方式将其除去。热过滤分为常压热过滤和减压热过滤。

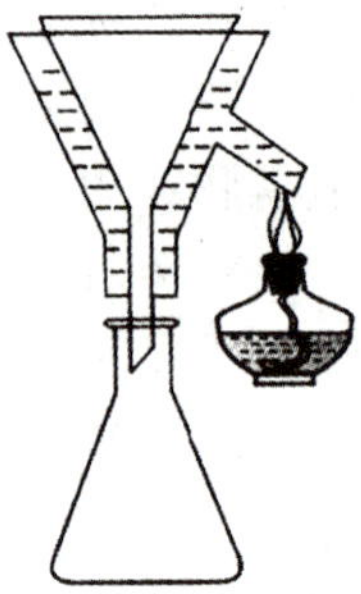

图 2-21　热过滤

常压热过滤时，为了防止溶液温度降低而析出晶体，可将普通漏斗放在铜质的热滤漏斗（或称保温漏斗）内，如图 2-21 所示。铜质漏斗的夹套内装有热水（水不要太满，以免加热至沸后溢出）以维持溶液的温度，夹套侧管处可以小火加热保温。将热的待滤溶液分批倒入漏斗中，一次不宜加入太多。

减压热过滤时，为避免热溶液使漏斗破裂或者热溶液在漏斗表面冷却析出晶体，最好先用热水浴或在烘箱中把漏斗预热，然后再进行减压过滤。热过滤时，要准备充分，动作迅速，一般不要用玻璃棒引流，避免加速降温，导致晶体析出。

2.9.3　离心

离心分离法是一种利用离心力将混合物中不同密度的组分分离的技术。当需要分离的沉淀量较少时，这种方法尤为有效且迅速。实验室常用离心机（图 2-22）进行离心分离。

二维码 2-6
离心机的使用

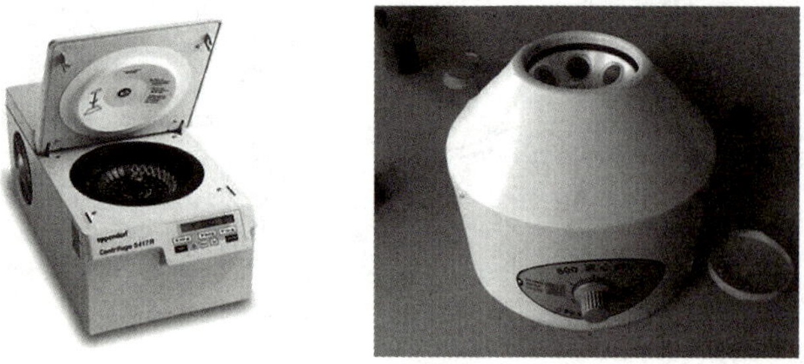

图 2-22　离心机

(1)离心机操作步骤

以机械旋钮离心机为例，其操作步骤如下：

① 准备离心管：将待分离的混合物小心地倒入离心管中，注意不要超过离心管容积的 2/3，以确保在离心过程中有足够的空间供沉淀聚集。

② 平衡离心管：离心机转子需通过对称放置质量接近的离心管实现平衡，避免重心偏移导致仪器振动或损坏。

③ 放置离心机：将离心机放置在平稳坚固的台面上，确保其在工作过程中不会晃动或移动。

④ 启动离心机：旋紧离心机的盖子，在确保安全的情况下，慢慢调整离心机的旋钮，由低速向高速逐渐加速。避免直接启动到高速，以减少对离心管和样品的冲击。低速启动离心机(如先以 1 000 $r \cdot min^{-1}$ 运行 1 min)，再逐步升至目标转速，以达到所需的分离效果。

⑤ 关机：关闭离心机的开关，使其自然停止转动。严禁用外力强制离心机停止转动，因为这可能会导致离心管破裂或样品溅出。

⑥ 取出离心管：等待离心机完全停止后，才可取出离心管。

⑦ 分离上清液和沉淀：由于离心作用，沉淀会紧密地聚集在离心管的尖端。此时，沉淀上方的溶液是澄清的，可以用吸管小心地吸出或用倾倒的方式将其去除。

⑧ 洗涤沉淀(如需要)：如果沉淀需要洗涤，可以向离心管中加入少量的洗涤液。用玻璃棒充分搅动沉淀和洗涤液，使沉淀重新悬浮。再次将离心管放入离心机中进行离心分离。重复上述洗涤和离心过程两三次，直到达到所需的洗涤效果。

(2)注意事项

① 离心机应安置在平稳坚固的台面上，底座应装橡胶吸脚，离心机内应有套管，套管边缘应有相应的数字编号。

② 为了使离心机旋转时保持平衡，特别要注意“配重”，包括位置和质量两方面。几支离心管要放在对称的位置上，且管内装等量的溶液。

③ 离心机开启的时候要注意安全，放好离心管后，把盖旋紧，慢慢地把调速旋钮由低速调至高速。离心一段时间后，将调速旋钮逆时针旋转到停的位置，待离心机自行停止后，才可取出离心管。严禁用外力强制离心机停止转动。

④ 取出离心管时要小心谨慎，以免样品溅出或离心管破裂。

⑤ 洗涤沉淀时要注意洗涤液的用量和洗涤次数，以避免浪费和过度洗涤导致的损失。

2.9.4　蒸发（浓缩）

为了除去溶液中的部分溶剂，使得溶质从溶液中析出，常采用加热的方法使水分不断蒸发、溶液不断浓缩而析出晶体。

蒸发(浓缩)一般在蒸发皿中进行，因为蒸发皿的表面积较大，有利于快速蒸发。蒸发皿中所盛液体的量不得超过其容量的 2/3。若液体较多，蒸发皿一次盛不下，可随着水分的不断蒸发而逐渐添加。

如果溶质具有一定的热稳定性，可以直接加热，否则需用水浴间接加热。当溶质的溶解度较大时，必须蒸发到溶液表面出现晶膜时才可停止加热。当溶质的溶解度较小或高温时溶解度较大而室温时溶解度较小时，不必蒸发至液面出现晶膜就可以冷却。注意蒸发皿不可骤冷，以免炸裂。

2.9.5 重结晶

重结晶是提纯固体化合物的常用方法之一，即利用溶剂对被提纯物质和杂质在不同温度下溶解度的差异，使杂质留在母液当中或在热过滤时被除去，从而达到分离提纯的目的。该方法适用于提纯杂质含量在5%以下的固体混合物。通常固体物质的溶解度会随着温度的升高而增加。因此，将固体物质在较高温度下溶解于某种溶剂当中制成饱和溶液后，趁热过滤即可除去其中不溶的杂质；随后将溶液冷却至室温，温度降低使得固体物质溶解度降低，溶液中析出晶体，而溶解度较大的杂质依然留在溶液当中。

当粗产品中含有有色杂质时，会影响产品纯度，可向溶液中加入少量吸附剂除去杂质。通常使用活性炭来进行脱色处理，加入活性炭的量一般为固体样品质量的1%～5%。活性炭不仅会吸附有色杂质，同样也会吸附样品，因此用量不宜过多。为避免暴沸，不能向将要沸腾或正在沸腾的溶液当中加入活性炭，需将热溶液稍作冷却后，方可加入，并在搅拌后加热微沸5～10 min，然后趁热过滤除去。

将收集到的滤液静置自然冷却，析出晶体。溶液析出晶体颗粒的大小与结晶条件有关。如果溶液的浓度高，溶质的溶解度小，溶液冷却得快，析出的晶粒就细小；反之，可得到较大颗粒的晶体。自然冷却时，析出的晶体大而均匀；冷水浴急冷滤液时，形成颗粒小的结晶。搅动溶液和静置溶液可得到不同的效果，前者有利于细晶体的生成，后者有利于大晶体的生成。若析出的晶体较大而生成较慢，易裹入母液或别的杂质；而细小的晶体内包含的杂质少，但由于表面积较大，表面吸附杂质较多。当溶液出现过饱和现象时，可以振荡容器，或用玻璃棒搅动，或轻轻摩擦器壁，或投入晶种，促使晶体析出。结晶全部析出后，即可通过减压过滤分离出晶体。

2.9.6 干燥

干燥是指除去附着在晶体表面或混在液体、气体中少量水分的操作，是提纯物质时最常用且十分重要的操作之一。干燥方法大致可以分为物理干燥方法和化学干燥方法两种。物理干燥方法包括晾干、烘干、用滤纸吸干、真空干燥、吸附和冷冻等。化学干燥方法是利用干燥剂除水，其除水作用又可分为两类：一是能与水可逆地结合形成水合物，如硫酸钠、氯化钙等；二是与水发生反应生成新的化合物，如氧化钙、五氧化二磷等。

例如，可用恒温烘箱或真空干燥箱烘干，也可用红外灯烘干，或把晶体放在蒸发皿内，用水浴或酒精灯加热烘干。易吸湿、易分解或易升华的物质，最好选用干燥器干燥。干燥某些带结晶水的晶体，可以用能与水混溶的低沸点有机溶剂（如乙醇、丙酮）洗涤后晾干。

干燥器是实验室中常用的设备，用于去除样品中的水分或溶剂，以保持样品的稳定性或纯度。根据工作原理的不同，干燥器主要分为普通干燥器（图2-23）和真空干燥器（图2-24）两种。

图 2-23　普通干燥器

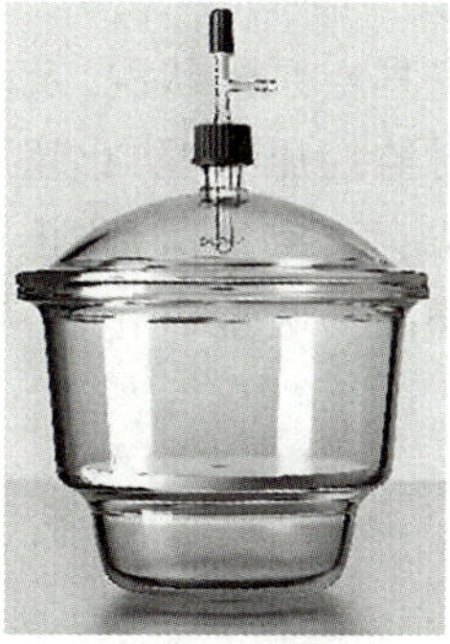

图 2-24　真空干燥器

1. 普通干燥器

(1)使用方法

确保干燥器外观无破损,内部组件完好无损。查干燥剂(如硅胶、无水氯化钙等)是否充足,其颜色、形态等是否正常。根据实际需要,如果条件允许,可提前将干燥器放置在适宜的温度环境中,以促进干燥效率的提升。

选择合适的容器来承载待干燥的样品,确保容器材质不会对样品产生污染或与样品发生反应。将样品放置在容器中,并确保其与干燥剂之间有足够的空间或隔离层,以防止样品直接接触干燥剂而可能导致污染或变质。轻轻地打开干燥器的盖子或门,注意动作要平稳,避免过大的冲击。将装有样品的容器平稳地放入干燥器内部,确保容器放置稳固,且容器间保持一定的间隙,以利于空气流通,提升干燥效果。迅速且平稳地关闭干燥器的盖子或门,确保密封性能良好,以防止外部湿气进入干燥器内部影响干燥效果。根据样品的性质、湿度以及所需达到的干燥程度,合理设定干燥时间。可以参考以往的干燥经验或查阅相关资料来获取合适的干燥时间范围。达到预定干燥时间后,轻轻地打开干燥器的盖子或门。取出装有样品的容器,并小心地将样品从容器中取出。注意避免手部直接接触干燥剂,以免对皮肤造成刺激或损伤。检查样品的干燥效果,如有必要可继续进行干燥处理直至达到要求。

(2)注意事项

① 定期检查干燥剂的有效性,及时更换颜色变深、结块或失去吸湿能力的干燥剂,以保证干燥效果。

② 避免将干燥器长时间存放在高温或潮湿的环境中,以防止干燥剂失效或干燥器内部受潮。

③ 在取出样品时,务必小心谨慎,须使用镊子或洁净工具,避免手部直接接触干燥剂。如果干燥剂不慎接触皮肤,应立即用大量清水冲洗;若为腐蚀性干燥剂(如五氧化二磷),须按化学品应急处理流程处置。

④ 干燥器使用完毕后,应及时清理内部并保持干燥状态,以便下次使用。

2. 真空干燥器

(1)使用方法

与普通干燥器类似,但需特别关注真空泵状态及管道密封状态。将样品容器置于干燥器内,确保密封后连接真空泵进行抽真空操作,直至达到预定真空度并维持一段时间。操作完成后,先断开连接再停泵,缓慢通气至常压后开启干燥器取出样品。

(2)注意事项

① 定期检查真空泵油状况,及时维护。

② 抽真空时监控压力,防止超压或负压损害设备。

③ 取样时留意真空残留,防止意外吸附。

④ 干燥后样品易吸湿氧化,需迅速进行后续处理或密封存储。

2.10 实验数据处理

化学实验中常常需要测量一些物理量或参数,同时对所得到的数据需要进行计算得到实验结果,以找出化学变化过程中具有科学规律的依据。但在实验过程中,由于仪器状态、测量方法、环境因素和人为因素等多方面的原因,实验结果不可避免地会存在误差。因此,充分了解误差的来源和类型,采取相应的措施减少误差对测量结果的影响,才能对结果做出可靠的评价。

2.10.1 准确度与精密度

为了表述测定结果所具有的两个特征,引入准确度和精密度概念。

准确度指测定结果与真实值的接近程度,其高低用误差的大小来衡量。

精密度是几次平行测定结果相互接近的程度,其高低用偏差来衡量。

好的测定结果,必然精密度和准确度均高;精密度是保证准确度的先决条件,但精密度高,不一定准确度高,即高精密度不能判定结果好。

2.10.2 误差

误差的大小可以表明准确度的高低,即测定结果(x)与真实值(x_T)之间的差异。误差可以用绝对误差 E 和相对误差 RE 来表示:

绝对误差 $E = x - x_T$

相对误差 $RE = \frac{E}{x_T} \times 100\%$

相对误差常用百分数形式表示。同一样品常常需要进行多次重复测定,并用各次测定结果的平均值表示样品的测定结果,而真实值 x_T 永远不能准确得知,常用所谓标准值代替。误差越小,表示测定结果与真实值越接近,准确度越高。误差有正负之分,正误差表示测定结果高于真实值,负误差表示测定结果低于真实值。相对误差能反映误差值在真实值中所占比重,因此常用相对误差反映测定结果的准确度。

如测定某未知溶液的浓度。我们使用了一种标准方法,理论上该溶液的真实浓度(c_T)为 $1.000\ mol \cdot L^{-1}$,但由于实验条件、仪器精度等因素,实际测得的浓度(c)可能与真实值有所不同。假设进行了 3 次测定,得到的浓度分别为:

第 1 次测定:$1.005\ mol \cdot L^{-1}$

第 2 次测定:$0.998\ mol \cdot L^{-1}$

第 3 次测定:$1.002\ mol \cdot L^{-1}$

为了简化说明，我们取这 3 次测定的平均值作为最终的测定结果，即：

$$c=(1.005+0.998+1.002)/3=1.002\ \text{mol}\cdot\text{L}^{-1}$$

真实值(c_T)已知为 1.000 mol·L^{-1}，则绝对误差(E)为：

$$E=c-c_T=1.002\ \text{mol}\cdot\text{L}^{-1}-1.000\ \text{mol}\cdot\text{L}^{-1}=0.002\ \text{mol}\cdot\text{L}^{-1}$$

相对误差(RE)是绝对误差与真实值之比的百分数形式，计算如下：

$$RE=E/c_T\times100\%=0.002\ \text{mol}\cdot\text{L}^{-1}/1.000\ \text{mol}\cdot\text{L}^{-1}\times100\%=0.2\%$$

在这个例子中，绝对误差 E 为 0.002 mol·L^{-1}，表示测定值与真实值之间的差值；相对误差 RE 为 0.2%，则说明了这个误差在真实值中所占的比例很小，即测定的结果相当接近真实值。

2.10.3　偏差

偏差的大小可以表明精密度的高低，即表现了测定结果的重现性。

(1)偏差和相对偏差

偏差可以用绝对偏差和相对偏差表示。若一组多次平行测定结果为 $x_1,x_2,\cdots,x_n$，则单次测定结果 x_i 与 n 次测量结果的平均值 $\bar{x}$ 之差定义为绝对偏差(d)，即

$$d=x_i-\bar{x}$$

而相对偏差(dr_i)则为测量的绝对偏差 d 在 n 次测量结果的平均值 $\bar{x}$ 中所占的比例，常用百分数形式表示，即

$$dr_i=\frac{d}{\bar{x}}\times100\%$$

(2)平均偏差与相对平均偏差

为表示一组平行测定结果之间的接近程度，引入平均偏差($\bar{d}$)和相对平均偏差($\overline{dr}$)概念。平均偏差指各单次测定结果偏差绝对值的平均值

$$\bar{d}=\frac{|d_1|+|d_2|+\cdots+|d_n|}{n}$$

相对平均偏差则为平均偏差与平均值之比，常用百分数形式表示，即

$$\overline{dr}=\frac{\bar{d}}{\bar{x}}\times100\%$$

(3)标准偏差与相对标准偏差

标准偏差(σ)又称均方根偏差。当平行测定次数趋于无穷大时，标准偏差定义为：

$$\sigma=\sqrt{\frac{\sum_{i=1}^{n}(x_i-\mu)^2}{n}}$$

式中：μ 为无限多次平行测定结果的平均值，称为总体平均值。

当平行测定次数有限，此时标准偏差用 s 表示，定义为：

$$s=\sqrt{\frac{\sum_{i=1}^{n}(x_i-\bar{x})^2}{n-1}}$$

相对标准偏差又称变异系数(CV),常用百分数形式表示:

$$CV=\frac{s}{\bar{x}}\times 100\%$$

(4)相差和相对相差

如果同一个样品只做两次平行测定,精密度常用相差表示:

$$相差=|x_1-x_2|$$

$$相对相差=\frac{|x_1-x_2|}{\bar{x}}\times 100\%$$

(5)极差和相对极差

极差(R)指一组平行测定结果中最大者(x_{max})与最小者(x_{min})之差,适于说明少数几次测定结果的离散程度:

$$R=x_{max}-x_{min}$$

2.10.4　系统误差、随机误差和过失误差

1. 系统误差

系统误差是可测误差,此类误差是由某些固定的原因按确定方向起作用而造成的,对分析结果的影响比较稳定,在同一条件下,重复测定时,会重现。它影响准确度,但不影响精密度,且可以消除。系统误差产生的原因有多种,包括选择的方法不够完善引起的方法误差、仪器本身的缺陷导致的仪器误差、所用试剂有杂质导致的试剂误差、操作人员主观因素造成的主观误差等。系统误差可以消除,比如采用标准方法或对比实验可以消除方法误差。

2. 随机误差

随机误差是由某些难以预料的偶然因素引起的,它对实验结果的影响不固定。随机误差产生的原因难以确定,似乎无规律性可循,但如果多次测量,可以发现随机误差遵从正态分布,即大小相近的正负误差出现机会相等,小误差出现的概率大,大误差出现的概率很小。因此,通过多次测量取平均值的方法可以减少随机误差对测量结果的影响。

3. 过失误差

在分析过程中,器皿不洁、加错试剂、错用样品、试样损失、仪器出现异常未被发现、读错数据、计算错误等不应有的错误造成的称为过失误差。出现过失误差需重新开始实验。过失误差无规律可循,但只要加强责任心,工作认真、仔细即可减少甚至避免。

2.10.5　有效数字及运算规则

1. 有效数字

实验中使用各种不同精度的仪器对有关物理量进行测量,测量结果不仅要能表示量的大小,还要能正确反映测量的精确度。为此,实验中使用有效数字记录测量数据。有效数字即实际测量到的数字,规定其中仅最后 1 位数不甚准确,而其他各位数字均是确定的。例如:记录由 50 mL 滴定管中取用 22.17 mL 溶液。这 4 位数字中,前 3 位均根据刻度线读出,是准确的;最后 1 位则是根据液面在滴定管两刻度线间的位置估计出的,不甚准确,有±0.02 mL 的误差,但它并非臆造,即 22.17 这 4 个数字均有效,因此称之为 4 位有效数字。

有效数字位数的保留，应根据仪器的精度确定。所以，根据有效数字最后一位是如何保留的，可大致判断测定的绝对误差及所用仪器的精度；根据有效数字位数，可大致判断测定相对误差的大小。如由有效数字 0.4270 g，可知测定的绝对误差为±0.0002 g，相对误差为±0.05%，所用仪器为万分之一分析天平。可见若有效数字位数保留不当，会使测定的准确度人为不合理地提高或降低。

在确定有效数字位数时，需注意数字“0”的不同作用。若其作为普通数字使用，表示实际的测量结果，它就是有效数字；若其仅起定位作用，则不是有效数字。如 45.0 mg 中，“0”是测量得来，是有效数字，即此数据的有效数字为 3 位。实验计算中常用到倍数关系，倍数非测量所得，不是有效数字。例如 pH、pM、lgK 等对数数值，首数部分仅起定位作用，只尾数部分的位数决定有效数字位数。如 pH=2.02，为两位有效数字，换算为 H^+ 浓度时，为 9.5×10^{-3} mol·L^{-1}，仍为两位有效数字。

2. 有效数字的运算和修约规则

在实验过程中，往往要经过几个不同的测量环节，如先称取试样，称取好的试样经过反应后，计算产物的产率。在此过程中要取多次数据，但每个数据的有效数字位数不一定完全相等。在进行运算时，应按照下列计算规则，合理地取舍各数据的有效数字的位数，确保运算结果的正确。

首先，根据分析仪器和分析方法准确度正确读出和记录测定值，且只保留一位不确定数字。

其次，在计算测定结果之前，先根据运算方法（加减或乘除）确定欲保留的位数，然后根据数字修约规则对各测定值进行修约，先修约，后计算。有效数字的修约规则是“四舍六入五留双”。这个规则具体来说，就是当尾数小于或等于 4 时，就进行舍去；当尾数大于或等于 6 时，就进行进位；而当尾数等于 5 时，需要看 5 后面的数字。如果 5 后面没有数字或都是 0，那么需要看 5 前面的数字是奇数还是偶数，如果是偶数就舍去，如果是奇数就进位。但如果 5 后面还有其他非零的数字，那么无论 5 前面的数字是奇数还是偶数，都需要进行进位。

有效数字加减法运算，其中和或差的绝对误差大小，主要由绝对误差最大的数据决定。故数据相加减时，和或差的有效数字位数保留，应以绝对误差最大的数据为依据。例如：

$$0.112+12.1+0.3214=12.5$$

其中 12.1 绝对误差最大，故计算结果中小数点后只应保留 1 位有效数字。

有效数字的乘除法运算，其中积或商的相对误差大小，主要由相对误差最大的数据决定。所以数据相乘除时，积或商有效数字位数应与有效数字位数最少的数据相同。例如：

$$0.0121\times25.66\times1.0578=0.328$$

其中 0.0121 有效数字位数最少，故计算结果中有效数字位数只应保留 3 位有效数字。

2.10.6　处理数据的常用方法

对实验数据进行记录、整理、计算、分析、拟合等，从中获得实验结果和寻找物理量变化规律或经验公式的过程就是数据处理。它是实验方法的一个重要组成部分，是实验课的基本训练内容。常用的数据处理方法有列表法和作图法。

1. 列表法

列表法是一种基础且直观的方法，它通过将实验数据按照一定的格式和顺序排列成表格，来清晰地展示数据之间的关系和规律。列表法的优点在于简单明了，便于记录和检查数据，同时也便于后续的数据分析和处理。

在列表法中，设计合理的表格是关键。以下是设计表格时需要注意的一些要点：

① 表格应设计得清晰、简洁，以利于记录、检查、运算和分析。通常包括表头（说明物理量或参数的名称）、单位（如果适用）以及数据记录区域。

② 在表头中明确标注每个物理量的名称、符号和单位。单位应统一，并尽量使用国际单位制（SI），且不宜把单位写在数据后。物理量的排列顺序应合理，以便于分析数据之间的关系。

③ 在数据记录区域，按照实验顺序或特定规则记录数据。数据应准确无误，并保留适当的有效数字。列入表中的除原始数据外，计算过程中的一些中间结果和最后结果也可以列入表中，如果数据存在不确定度或误差范围，也应一并记录。

④ 在表格下方或适当位置添加必要的说明和注释。这些说明可以包括实验条件、数据处理方法、数据来源等信息，有助于读者理解表格中的数据。

⑤ 在填写完表格后，应仔细检查数据的准确性和完整性。核对物理量的名称、单位是否一致，数据是否按照预期规律排列等。

2. 作图法

作图法最初是在坐标纸上用图线表示物理量之间的关系，揭示物理量之间的联系。作图法有简明、形象、直观、便于比较研究实验结果等优点，它是一种最常用的数据处理方法。

坐标纸作图法的基本规则是：

① 根据函数关系选择适当的坐标纸（如直角坐标纸、单对数坐标纸、双对数坐标纸、极坐标纸等）和比例，画出坐标轴，标明物理量符号、单位和刻度值，并写明测试条件。

② 坐标的原点不一定是变量的零点，可根据测试范围加以选择。坐标分格最好使最低数字的一个单位可靠数与坐标最小分度相当。纵横坐标比例要恰当，以使图线居中。

③ 描点和连线。根据测量数据，用直尺和笔尖使其函数对应的实验点准确地落在相应的位置。需在同一张图纸上画上几条实验曲线时，每条图线应用不同的标记如“＋”“×”“·”“Δ”等符号标出，以免混淆。连线时，要顾及数据点，使曲线呈光滑曲线（含直线），并使数据点均匀分布在曲线（直线）的两侧，且尽量贴近曲线。个别偏离过大的点要重新审核，属过失误差的应剔去。

④ 标明图名，即做好实验图线后，应在图纸下方或空白的明显位置处，写上图的名称、作者和作图日期。有时还要附上简单的说明，如实验条件等，使读者一目了然。作图时，一般将纵轴代表的物理量写在前面，横轴代表的物理量写在后面，中间用“—”连接。

⑤ 最后将图纸贴在实验报告的适当位置。

随着科技的进步，坐标纸作图法逐渐被软件作图法取代。软件作图法提供了更高效、精确且多样化的数据可视化方式。以下是一些常见的软件作图法步骤和注意事项。

（1）选择合适的软件

首先，需要选择一款适合自己需求的作图软件。在选择软件时，除了考虑其易用性、功能强大性等因素外，还应了解该软件是否支持所需的数据格式、图表类型以及是否具备自定义图表外观的功能。在选定软件后，建议花时间学习其基本操作和常用功能，以便更高效地利用软件进行作图。

常见的作图软件包括 Excel、Origin、MATLAB、Python 的 Matplotlib 和 Seaborn 库、R 语言的 ggplot2 包等。这些软件各有特点，例如：Excel 简单易用，适合初学者和小规模数据处理；Origin 功能强大，支持多种图形类型和复杂的图表设计；MATLAB 适用于科学计算和工程应用，内置丰富的绘图函数；Python 的 Matplotlib 和 Seaborn 库开源免费，支持高度定制化的图表，适合需要精细控制图表外观的用户；R 语言的 ggplot2 包以“语法”方式作图，非常适合进行复杂的统计分析和数据可视化。

(2)准备数据

在作图之前，需要确保数据的格式符合软件的要求，例如日期格式、时间格式等，以便软件能够正确识别和处理数据。在导入数据之前，进行数据清洗是至关重要的一步。检查数据中的错误、缺失值或异常值，并进行必要的修正或处理，如果数据分散在多个文件中，可能需要先进行数据合并或筛选。

(3)导入数据到软件中

大多数作图软件都支持从文件中直接导入数据。按照软件的指导，选择正确的文件格式和导入方式，将数据加载到软件中。

(4) 设置图形类型和参数

根据实验数据和作图目的，选择合适的图形类型(如折线图、散点图、柱状图、饼图等)。根据需要设置坐标轴的范围、刻度、标签和网格线等，以确保图表能够准确反映数据特征。注意确保图形的比例、颜色和字体等符合专业标准和美观要求。

(5) 绘制图形

完成图形设置后，使用软件中的绘图功能绘制图形。大多数软件都提供了预览功能，可以在绘制完成后立即查看图形效果。如果图形不符合预期，可以返回修改图形设置并重新绘制。

(6)导出图形

绘制完成并满意后，将图形导出为合适的格式(如 JPEG、PNG、PDF 等)。注意选择合适的分辨率和文件大小，以确保图形在不同场合下都能清晰显示。例如，对于需要打印的图表，可以选择高分辨率的 PDF 格式；而对于网页展示，则可以选择 JPEG 或 PNG 格式。

(7)注意事项

① 在作图过程中，要确保数据的准确性和真实性，避免误导。

② 图形应简洁明了，避免过多的冗余信息和复杂的装饰。

③ 遵循学术规范和标准，确保图形的格式、颜色和字体等符合专业要求。在使用商业软件时，应确保遵守相关的版权和授权协议，避免侵权风险。

④ 如果图形中包含重要信息或结论，应在图形下方或旁边添加简要的说明或注释。

⑤ 在处理敏感或机密数据时，应注意数据的保密性和安全性，避免数据泄露。

⑥ 在作图过程中定期备份数据文件和图表文件，以防数据丢失或损坏。

第 3 章　实验部分

3.1　基础实验部分

实验 1　摩尔气体常数的测定

一、实验目的

(1)了解置换法测定摩尔气体常数的原理和方法。

(2)掌握理想气体状态方程和气体分压定律的应用。

(3)掌握气体体积的测定方法。

(4)掌握分析天平、气压计的基本操作方法。

二、实验原理

对于理想气体,各物理量间的关系可用理想气体状态方程表示:

$$pV = nRT \tag{3-1}$$

通过实验测定气体的 p、V、n、T,即可计算得到摩尔气体常数 R:

$$R = \frac{pV}{nT} \tag{3-2}$$

本实验通过用金属镁和稀硫酸反应置换出氢气来测定摩尔气体常数 R。其主要反应为:

$$Mg(s) + H_2SO_4(aq) = MgSO_4(aq) + H_2(g)$$

准确称取一定质量的镁条 $m(Mg)$,使之与过量的硫酸反应,可在一定温度和压力下测出氢气的体积,其体积 $V(H_2)$可根据量气管前后的体积差计算得到。实验时的温度 T 与压力 p 可分别由温度计和气压计读取。

氢气利用排水法进行收集,所以氢气中混有水蒸气,也就是说通过气压计读出的压力 p 是氢气与水蒸气混合气体的总压,根据分压定律,室温下氢气的分压可由下式计算得到:

$$p(H_2) = p - p(H_2O) \tag{3-3}$$

室温下水的饱和蒸气压 $p(H_2O)$可在附表 1 中查到。

氢气的物质的量 $n(H_2)$可由镁条的质量计算得到:

$$n(H_2) = n(Mg) = \frac{m(Mg)}{M(Mg)} \tag{3-4}$$

将以上所得数据代入理想气体状态方程,即可求得摩尔气体常数 R 的计算公式:

$$R = \frac{p(H_2) \cdot V(H_2)}{n(H_2) \cdot T} \tag{3-5}$$

三、仪器和试剂

1. 仪器

分析天平、量气管(或 50 mL 碱式滴定管)、试管、橡胶塞、软胶管、玻璃漏斗、铁架台、砂纸、量筒。

2. 试剂

镁条、硫酸溶液(3 mol·L^{-1})、乙醇。

四、实验步骤

1. 镁条处理与称量

取两片质量为 0.03～0.04 g 的镁条,用砂纸打磨去掉其表面的氧化膜,用水漂洗干净,再用乙醇漂洗,晾干。乙醇的作用是去除水分,避免对后续实验产生影响。

用分析天平准确称取两份已处理好的镁条,每份质量为 0.030～0.035 g(分析天平读数精确至 0.0001 g)。

2. 安装装置

按图 3-1 将反应装置连接好,先不安装反应试管,应缓慢地从漏斗处向装置中加水。这样可以让水逐渐填满管道中的每一个角落,减少因水流过快而产生的气泡。使量气管、胶管充满水,并保证量气管的液面略低于"0"刻度。上下移动漏斗,以赶走附着在胶管和量气管内壁的气泡,然后,接上反应试管,塞紧塞子。如果发现部件内有气泡,可以尝试轻轻敲打或摇动相关部件,使气泡上升到液面并被排出。注意要轻柔操作,避免损坏仪器或引入更多杂质。

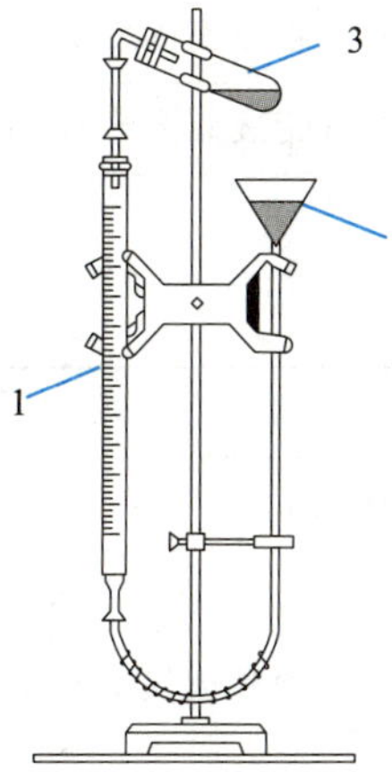

1. 量气管 2. 长颈漏斗 3. 反应试管

图 3-1 摩尔气体常数的测定反应装置

3. 检查气密性

将漏斗向上或向下移动一定距离后停下,如果开始时量气管液面稍有变化,而后维持不变,说明装置不漏气。若液面一直有变化,说明装置漏气,需要重新检查各接口的密封性,直至不漏气为止,将漏斗固定好。

4. 测定氢气体积

① 从装置上取下试管,用量筒取 6～8 mL 3 mol·L^{-1} 硫酸溶液,倒入试管中(注意不要使硫酸沾湿液面上端的试管壁)。取已称好的镁条蘸少许水贴在试管内壁的上部,注意镁条切勿与硫酸接触,将试管按一定倾斜角度固定好,塞紧塞子。

② 调整漏斗的位置,使量气管液面处于"0"刻线以下,再次检查仪器的密封性,将漏斗向下移动一段距离,使漏斗内液面与量气管内液面维持一定的液面差,将漏斗固定静置。如果液面差基本恒定,说明仪器不漏气,可以进行下一步实验。

③ 移动漏斗使其液面与量气管液面在同一水平面上,固定好漏斗,记录此时量气管内液面的刻度 V_1(精确至 0.01 mL)。将反应试管底部略微抬高,使镁条与硫酸溶液接触,随即将反应管复位,反应发生,产生的氢气气体进入量气管,管内的水被压入漏斗。可慢慢向下移动漏斗,保持漏斗内液面与量气管内液面在同一水平位置,量气管受的压力和外界大气压相同,这样可避免量气管内压力太大而造成漏气。

④ 反应结束后,待试管冷却至室温(注意一定要保证反应装置不漏气),再次调整漏斗,使

其液面与量气管液面处于同一水平，记录液面刻度 V_2。过 2 min 后，再读数，直至两次读数一致，说明管中气体温度与室温相同。

⑤ 测量并记录室温和大气压数据。

⑥ 取下试管，换另一片镁条重复上述实验。

五、数据记录和处理

将摩尔气体常数测定实验数据记入表 3-1，数据处理结果填入表 3-2。

表 3-1 摩尔气体常数测定实验数据记录表

项目	重复 1	重复 2
温度 T/K		
大气压 p/kPa		
镁条质量 m(Mg)/g		
反应前量气管液面读数 V_1/mL		
反应后量气管液面读数 V_2/mL		

表 3-2 摩尔气体常数测定数据处理表

项目	重复 1	重复 2
氢气的体积 $V(H_2)$/mL		
氢气的物质的量 $n(H_2)$/mol		
室温下水的饱和蒸气压 $p(H_2O)$/kPa		
氢气的分压 $p(H_2)$/kPa		
摩尔气体常数 $R/(kPa \cdot L \cdot mol^{-1} \cdot K^{-1})$		
R 的平均值/$(kPa \cdot L \cdot mol^{-1} \cdot K^{-1})$		
相对误差/%		

六、思考题

(1)本实验必须准确量取硫酸溶液的体积吗？

(2)在读取量气管液面刻度时，为什么要使漏斗液面与量气管液面在同一水平面上？

(3)镁与硫酸反应结束后，为什么要等试管中温度冷却至室温后才能读取数据？如何确定已冷却至室温？

(4)下列情况对实验结果有什么影响：

① 量气管中的气泡未赶尽。

② 反应过程中实验装置漏气。

③ 镁条表面的氧化膜未处理干净。

④ 反应过程中，由量气管压入漏斗中的水过多而溢出。

实验 2 化学反应热的测定

一、实验目的

(1) 熟悉量热法的基本原理。

(2)掌握测定反应热的实验方法。

(3)熟悉量热仪器。

二、实验原理

若一个化学反应不做非体积功,且反应物和生成物温度相同,系统吸收或放出的热量称为该化学反应的热效应,简称反应热。反应热常用 Q 表示,反应热的符号“+”表示系统从环境吸收热量(吸热反应),“-”表示系统向环境放出热量(放热反应)。反应热可以分为等容反应热和等压反应热。反应热是重要的热力学数据,对于理解化学反应的能量变化、优化化学反应条件以及预测化学反应的方向等具有非常重要的意义。

反应热测定的原理主要基于热力学第一定律,即能量守恒定律。根据热力学第一定律,反应热的变化等于系统吸收或放出的能量。因此,可以通过测量这些能量的变化来确定反应热。常用的反应热测定方法包括加热量法和测温法。

① 加热量法:通过测量反应过程中所需或释放的热量来确定反应热。这种方法通常使用特定的仪器(如量热计)来测量热量的变化。

② 测温法:特别是对于中和反应等特定的反应,可以通过测量反应前后体系温度的变化,利用相关的物理和化学数据来计算反应热。

本实验采用测温法来测定过氧化氢稀溶液分解反应的热效应(简称分解热)。过氧化氢俗称双氧水,分子式为 H_2O_2,是一种无色的液体,常被用作氧化剂、消毒杀菌剂和漂白剂。纯净的 H_2O_2 易分解成水和氧气,反应如下:

$$H_2O_2(l) \longrightarrow H_2O(l) + 1/2O_2(g)$$

过氧化氢浓溶液在温度高于 150 ℃或混入有催化活性的 Fe^{2+}、Cr^{3+} 和 Mn^{2+} 等具有变价的金属离子时,会发生爆炸性的分解,但在无催化剂、常温下,H_2O_2 相当稳定。过氧化氢的稀溶液即使是升高温度或加入催化剂,也不会发生爆炸性分解。本实验以 MnO_2 为催化剂,在室温条件下,用保温杯式简易量热计测定其稀溶液的催化分解反应的热效应(图 3-2)。其反应如下:

$$H_2O_2(aq) \xlongequal{MnO_2} H_2O(l) + 1/2O_2(g)$$

在一般实验中,当溶液的浓度很稀时,量热计的热容:

$$C = C_{aq}m_{aq} + C_p \approx C_{solv}m_{solv} + C_p \tag{3-6}$$

式中:C_{aq} 为溶液的比热容,m_{aq} 为溶液的质量,C_p 为量热计装置的热容(即热量计本身每升温 1 K 所吸收的热量),C_{solv} 为溶剂的比热容,m_{solv} 为溶剂的质量。

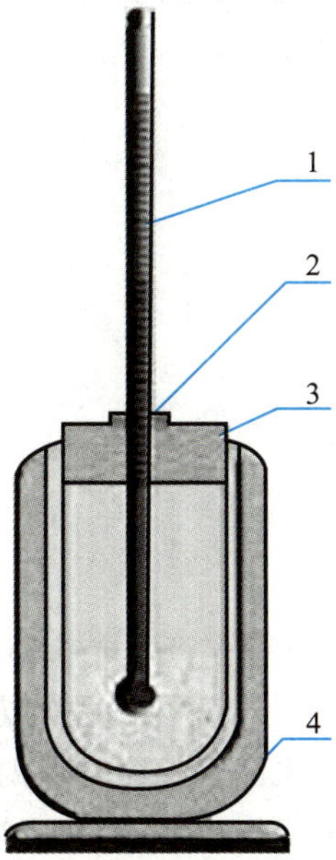

1. 温度计 2. 橡皮圈 3. 泡沫塑料塞 4. 保温杯

图 3-2 简易量热计示意图

化学反应产生的热量,使量热计的温度升高。要测量量热计吸收的热量必须先测定量热计的热容 C_p。本实验中采用稀的 H_2O_2 水溶液,式(3-6)变形为:

$$C = C(H_2O)m(H_2O) + C_p \qquad (3\text{-}7)$$

式中：$C(H_2O)$ 为水的质量热容，其数值等于 $4.184\ J \cdot g^{-1} \cdot K^{-1}$；$m(H_2O)$ 为水的质量，室温下水的密度约为 $1.00\ kg \cdot L^{-1}$，根据 $m(H_2O) = \rho(H_2O)V(H_2O)$，可知 $m(H_2O) \approx V(H_2O)$。

1. 量热计装置的热容测定方法

往盛有一定质量 m、一定温度 T_1 的量热计装置中，迅速加入相同质量、一定温度 T_2 的热水，测出混合后的水温 T_3，则

热水放热的数值：　$Q = C(H_2O)m(H_2O)(T_2 - T_3)$

冷水吸热的数值：　$Q_1 = C(H_2O)m(H_2O)(T_3 - T_1)$

量热计装置吸热的数值：　$Q_2 = C_p(T_3 - T_1)$

在绝热条件下，混合后热水放出的热量等于冷水和量热计装置吸收的热量之和：

$$Q = Q_1 + Q_2$$

$$C(H_2O)m(H_2O)(T_2 - T_3) = C(H_2O)m(H_2O)(T_3 - T_1) + C_p(T_3 - T_1)$$

整理可得量热计装置的热容 C_p 的计算式：

$$C_p = \frac{C(H_2O)m(H_2O)(T_1 + T_2 - 2T_3)}{T_3 - T_1} \qquad (3\text{-}8)$$

严格地说，简易量热计并非绝热体系。因此，在测量温度变化时会遇到下述问题，即当冷水温度上升时，体系与环境会有热量交换，这就使人们不能观测到最大的温度变化。这一误差可采用外推作图法消除，即根据实验测得的数据，以温度对时间作图，作一最佳直线 BC，延长 BC 与纵坐标相交于 A，A 点所对应的温度就是体系上升的最高温度(图 3-3)。如果量热计的隔热性能好，温度升高到最高点时，数分钟内温度不会下降，那么可不用外推作图法。

应当指出的是，因为过氧化氢分解时有氧气放出，所以本实验的反应热不仅包括体系内能的变化，还应包括体系对环境做的膨胀功。但因后者所占比例很小，所以在近似测量中，通常可忽略不计。

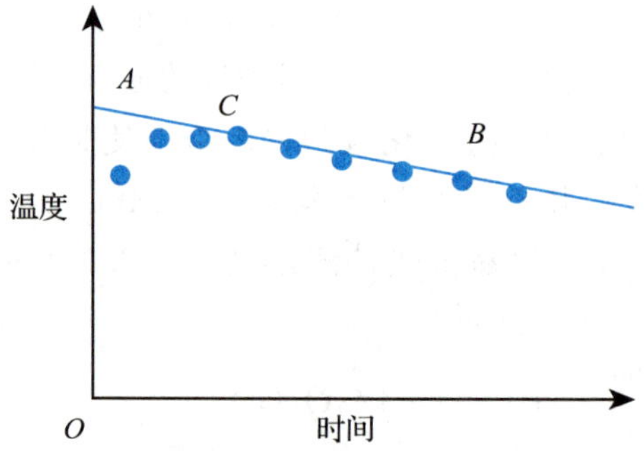

图 3-3　温度—时间曲线

2. 分解热的测定方法

往已知热容的保温杯内加入质量为 m 的 H_2O_2 稀溶液，测定其温度 T_0；加入适量催化剂加快反应速率，测出反应达到的最高温度 T_{max}。

H_2O_2 稀溶液分解放出的总热量被保温杯和溶液本身所吸收，数值为

$$Q = C_p(T_{max} - T_0) + C(H_2O_2)m(H_2O_2)(T_{max} - T_0) \qquad (3\text{-}9)$$

由于 H_2O_2 稀溶液的密度和比热容近似地与水相等，则有

$$C(H_2O_2) \approx C(H_2O) = 4.184\ J \cdot g^{-1} \cdot K^{-1}$$

令 $\Delta T = T_{max} - T_0$，式(3-9)整理成：

$$Q = C_p \Delta T + 4.184 \times m(H_2O_2)\Delta T \tag{3-10}$$

上式即为 H_2O_2 稀溶液分解热数值的计算公式，由于该反应为放热反应，数值前要加负号。根据 Q 和 $\Delta_r H_m$ 之间的关系可以求出反应的摩尔焓变：

$$\Delta_r H_m = \frac{-Q}{n} = -\frac{C_p \Delta T + 4.184 \times m(H_2O_2)\Delta T}{[m(H_2O_2)/M(H_2O_2)]} \tag{3-11}$$

或

$$\Delta_r H_m = \frac{-Q}{n} = -\frac{C_p \Delta T + 4.184 \times m(H_2O_2)\Delta T}{c(H_2O_2)V(H_2O_2)} \tag{3-12}$$

$c(H_2O_2)$ 和 $V(H_2O_2)$ 分别为 H_2O_2 稀溶液的物质的量浓度和体积。

三、仪器、试剂和材料

1. 仪器

电子温度计两支(精度 0.1 ℃)、保温杯、量筒、烧杯、洗瓶、研钵、秒表、酒精灯。

2. 试剂和材料

二氧化锰粉末、H_2O_2(质量分数为 0.3%)、去离子水、泡沫塑料塞、吸水纸。

四、实验步骤

1. 测定量热计装置热容 C_p

按图 3-2 装配简易量热计装置，水银温度计用更安全环保的电子温度计代替；保温杯盖可用泡沫塑料。杯盖上的小孔要稍比温度计直径大一些，温度计的底部不要触碰杯底，离杯底约 1 cm。在温度计插入瓶塞的上方处套一橡胶圈起固定作用。

用量筒量取 50.0 mL 去离子水，倒入热量计中，盖好后慢慢摇动保温杯(注意不要让液体溅到塞子上)，观察温度计并记录读数。待保温杯系统达到热平衡后，若电子温度计的温度连续 3 min 不变，则该温度为冷水温度 T_1。

用量筒再次量取 50.0 mL 去离子水，倒入 100 mL 烧杯中，放入热水浴(温度高于室温约 20 ℃)加热 15 min，待烧杯内水温度均匀时，迅速用电子温度计准确测热水温度 T_2；然后迅速将此热水倒入保温杯中，盖好塞子，摇动保温杯。在倒热水的同时，启动秒表(或智能手机计时器上的秒表模式)，每隔 15 s 记录一次温度，直到体系温度不再变化或等速下降为止。把混合后上升到最高的温度记为 T_3。将保温杯内的水倒掉、洗净，并用吸水纸擦干待用。

重复上述步骤，进行第 2 次测量，取两次测定结果的平均值作为 C_p 的数值，以减少测量误差。

2. 测定 H_2O_2 稀溶液的分解热

用量筒量取 100.0 mL H_2O_2 溶液(质量分数为 0.3%)，倒入热量计中，塞好塞子后慢慢摇动保温杯，观察温度计并记录读数。若温度计的温度连续 3 min 不变，则该读数为温度 T_0。迅速加入研细的二氧化锰粉末(0.5 g)，塞好塞子后，立即摇动保温杯，以使二氧化锰粉末悬浮在 H_2O_2 溶液中。按动秒表(加入二氧化锰的同时)，每隔 15 s 记录一次温度读数，注意要边读数边记录边用手适当摇动保温杯，直到溶液与量热计达到热平衡。当温度升高到最高点时，记下此时的温度 T_{max}，若在相当一段时间内温度不变，T_{max} 可视为该反应达到的最高温度，否则需用外推法求出反应的最高温度。

重复上述操作，进行第 2 次测量，取两次测定结果的平均值。

五、数据记录和处理

1. 量热计装置热容 C_p 的计算

已知：水的比热容 $C(H_2O) = 4.184\ J \cdot g^{-1} \cdot K^{-1}$ 。将量热计装置热容测定结果记入表 3-3。

表 3-3 量热计装置热容测定结果记录表

项目	第 1 次测量	第 2 次测量
冷水温度 T_1/K		
热水温度 T_2/K		
冷热水混合后温度 T_3/K		
冷(热)水的质量 m/g		
量热计装置热容 $C_p/(J \cdot K^{-1})$		
C_p 的平均值/$(J \cdot K^{-1})$		

2. H_2O_2 稀溶液分解热的计算

将 H_2O_2 稀溶液分解热测定结果记入表 3-4。

表 3-4 H_2O_2 稀溶液分解热测定结果记录表

项目	第 1 次测量	第 2 次测量
反应前温度 T_0/K		
反应后温度 T_{max}/K		
$\Delta T/K$		
H_2O_2 溶液体积 V/mL		
量热计吸收的总热量 Q/J		
摩尔分解热 $\Delta_r H_m/(kJ \cdot mol^{-1})$		
相对误差/%		

注意：H_2O_2 稀溶液分解反应为放热反应，其摩尔分解热 $\Delta_r H_m$ 为负值。

本实验相对误差的计算公式为：相对误差 $= \frac{测量值-理论值}{理论值} \times 100\%$

六、思考题

(1)实验中使用二氧化锰的目的是什么？实验中计算反应所放出的总热量时，是否要考虑加入的二氧化锰的热效应？

(2)在测定量热计的热容时，使用一支温度计先后测冷、热水的温度好，还是使用两支温度计分别测定冷、热水的温度好？为什么？

(3)试分析本实验产生误差的可能原因。

实验 3 化学反应速率和活化能的测定

一、实验目的

(1)了解浓度、温度和催化剂对化学反应速率的影响。

(2)测定过二硫酸铵与碘化钾反应的反应速率，并计算反应级数、反应速率常数和反应的活化能。

(3)学习用作图法处理实验数据。

二、实验原理

1. 浓度对反应速率的影响

在水溶液中，过二硫酸铵与碘化钾发生如下反应：

$$(NH_4)_2S_2O_8 + 3KI = (NH_4)_2SO_4 + K_2SO_4 + KI_3$$

离子方程式为

$$S_2O_8^{2-} + 3I^- = 2\ SO_4^{2-} + I_3^- \quad ①$$

其反应速率方程可表示为

$$r = k \cdot c^m(S_2O_8^{2-}) \cdot c^n(I^-) \quad (3\text{-}13)$$

式中，k 为反应速率常数，$m+n$ 为反应级数，r 为瞬时反应速率。当 $c(S_2O_8^{2-})$、$c(I^-)$均为起始浓度时，r 为起始反应速率。k、m、n 均可由实验确定。

反应①中的 r 也可用反应物$(NH_4)_2S_2O_8$的浓度随时间的变化率来表示：

$$r = -\frac{dc(S_2O_8^{2-})}{dt} \quad 或 \quad \bar{r} = -\frac{\Delta c(S_2O_8^{2-})}{\Delta t} \quad (3\text{-}14)$$

式中，$\bar{r}$ 是 Δt 内的平均反应速率，$r \neq \bar{r}$。但当 $r = -\frac{dc(S_2O_8^{2-})}{\Delta t}$无法测定时，可以用 $\bar{r}$ 近似代替 r，则有

$$\bar{r} = -\frac{\Delta c(S_2O_8^{2-})}{\Delta t} = k \cdot c^m(S_2O_8^{2-}) \cdot c^n(I^-) \quad (3\text{-}15)$$

为测定 $\bar{r}$，同时在反应①溶液中加入定量的 $Na_2S_2O_3$ 和淀粉指示剂，$S_2O_3^{2-}$ 与 I_3^- 发生快速反应：

$$2S_2O_3^{2-} + I_3^- = S_4O_6^{2-} + 3I^- \quad ②$$

因为反应②比反应①快得多，所以反应①生成的 I_3^- 立即与 $S_2O_3^{2-}$ 反应，生成无色的 $S_4O_6^{2-}$ 和 I^-。在 $S_2O_3^{2-}$ 耗尽之前，反应体系中看不到所加淀粉与 I_3^- 反应呈现的特征蓝色，而当 $S_2O_3^{2-}$ 耗尽时，则呈现 I_3^- 与淀粉反应的特征蓝色。从反应开始到出现蓝色这段时间 Δt，就是溶液中 $S_2O_3^{2-}$ 耗尽的时间。结合反应①和②可以看出，在 Δt 时间内其所消耗的 $\Delta c(S_2O_3^{2-})$与$\Delta c(S_2O_8^{2-})$间的关系为：$\Delta c(S_2O_8^{2-}) = 1/2\Delta c(S_2O_3^{2-})$，从而可以根据所加入的 $Na_2S_2O_3$ 的量和反应出现蓝色的时间求得反应①的反应速率：

$$\bar{r} = -\Delta c(S_2O_8^{2-})/\Delta t = -\Delta c(S_2O_3^{2-})/2\Delta t \quad (3\text{-}16)$$

为求出反应速率方程式 $r = k \cdot c^m(S_2O_8^{2-}) \cdot c^n(I^-)$中的反应级数 m、n 值，将 $c(S_2O_8^{2-})$固定、改变 $c(I^-)$以及将 $c(I^-)$固定、改变 $c(S_2O_8^{2-})$，求得同一温度、不同浓度条件下的反应速率，即可根据上式求得相应的 m、n 值。求得 m、n 值后，利用反应速率方程式即可求出一定温度下的反应速率常数 k：

$$k = -\frac{r}{c^m(S_2O_8^{2-})c^n(I^-)} \quad (3\text{-}17)$$

2. 温度对反应速率的影响

温度升高，反应速率增大，反应所需时间减少。由阿伦尼乌斯方程可得：

$$\lg k = \frac{-E_a}{2.303RT} + \lg A \tag{3-18}$$

式(3-18)中，E_a为反应的活化能，R 为 8.314 J·mol^{-1}·K^{-1}，T 为热力学温度，A 为指前因子或频率因子。若测得不同温度下的一系列 k 值，然后作 $\lg k$—$1/T$ 图，可得一直线，其斜率为 $-E_a/2.303R$，由此可求得反应的活化能 E_a。

3. 催化剂对反应速率的影响

催化剂是影响化学反应速率的重要因素。催化剂是一种能改变化学反应速率，而其本身的质量和化学组成在反应前后保持不变的物质。通常人们所提到的催化剂是能够加快反应速率的正催化剂，$Cu(NO_3)_2$可用作上述$(NH_4)_2S_2O_8$与 KI 反应的正催化剂。

三、仪器和试剂

1. 仪器

烧杯或锥形瓶、量筒、温度计、秒表、恒温水浴锅、电磁搅拌器。

2. 试剂

0.20 mol·L^{-1} KI、0.20 mol·L^{-1} $(NH_4)_2S_2O_8$、0.010 mol·L^{-1} $Na_2S_2O_3$、0.20 mol·L^{-1} KNO_3、0.20 mol·L^{-1} $(NH_4)_2SO_4$、0.20 mol·L^{-1} $Cu(NO_3)_2$、2 g·L^{-1}淀粉溶液。

四、实验步骤

1. 浓度对化学反应速率的影响

在室温下，用量筒（贴上标签，以免混用）量取表 3-5 中编号 1 的 KI、$Na_2S_2O_3$、淀粉溶液于 100 mL 烧杯（或锥形瓶）中混合；然后量取$(NH_4)_2S_2O_8$溶液，迅速加入烧杯（或锥形瓶）中，同时按动秒表计时并不断搅拌；仔细观察溶液颜色，待溶液刚出现蓝色时即停止计时。将反应所用的时间 Δt 记录于表 3-5 中。按表中编号 2～5 所列用量重复上述实验。为了使溶液中的离子强度和总体积保持不变，将编号 2～5 中减少的$(NH_4)_2S_2O_8$和 KI 溶液的用量，分别用 KNO_3和$(NH_4)_2SO_4$溶液补充。

表 3-5　浓度对反应速率的影响测定记录表

项目		实验编号				
		1	2	3	4	5
试剂用量/mL	0.20 mol·L^{-1} $(NH_4)_2S_2O_8$	20.0	10.0	5.0	20.0	20.0
	0.20 mol·L^{-1} KI	20.0	20.0	20.0	10.0	5.0
	0.010 mol·L^{-1} $Na_2S_2O_3$	8.0	8.0	8.0	8.0	8.0
	2 g·L^{-1}淀粉溶液	2.0	2.0	2.0	2.0	2.0
	0.20 mol·L^{-1} KNO_3	0	0	0	10.0	15.0
	0.20 mol·L^{-1} $(NH_4)_2SO_4$	0	10.0	15.0	0	0
试剂起始浓度/(mol·L^{-1})	$(NH_4)_2S_2O_8$					
	KI					
	$Na_2S_2O_3$					

续表 3-5

项目	实验编号				
	1	2	3	4	5
反应时间 $\Delta t/s$					
反应速率 $r/(mol \cdot L^{-1} \cdot s^{-1})$					
反应级数	$m=$			$n=$	
反应速率常数 k					
平均反应速率常数 $\bar{k}$					

2. 温度对化学反应速率的影响

按表 3-5 中编号 4 的试剂用量，把 KI、$Na_2S_2O_3$、KNO_3 和淀粉溶液加到 100 mL 烧杯中，并把 $(NH_4)_2S_2O_8$ 溶液加在另一支大试管中，然后将它们共同放入比室温高约 10 ℃的恒温水浴中加热，不断搅拌，使溶液温度达到平衡时测量温度并记录。将 $(NH_4)_2S_2O_8$ 溶液加到 KI、$Na_2S_2O_3$、KNO_3 和淀粉的混合溶液中，立即计时并搅拌溶液，当溶液刚出现蓝色时即停止计时并记录时间。在反应的整个过程中，烧杯不能离开恒温水浴。

将水浴温度提高到高于室温约 20 ℃、30 ℃、40 ℃，按表 3-5 中编号 4 的试剂用量重复上述实验，测定温度和反应所需的时间，将所得数据记录于表 3-6。

表 3-6　温度对化学反应速率的影响测定记录表

项目	实验编号				
	6(t 同表 3-5 中编号 4 的数据)	7(t+10 ℃)	8(t+20 ℃)	9(t+30 ℃)	10(t+40 ℃)
反应温度 T/K					
反应时间 $\Delta t/s$					
反应速率 $r/(mol \cdot L^{-1} \cdot s^{-1})$					
反应速率常数 k					
$\lg k$					
$(1/T)\times 10^3$					

注：t 为室温。

3. 催化剂对反应速率的影响

按表 3-5 中编号 4 的试剂用量，把 KI、$Na_2S_2O_3$、KNO_3 和淀粉溶液加到 100 mL烧杯中，再加入 2 滴 $Cu(NO_3)_2$ 溶液，然后迅速加入 $(NH_4)_2S_2O_8$ 溶液，搅拌，立即计时，当溶液刚出现蓝色时即停止计时并记录时间。将此实验的反应速率与不加催化剂时的反应速率比较，得出结论。

五、数据记录和处理

将表 3-5 中编号 1 和编号 3 的实验结果数据分别代入式(3-17)后整理得：

$$\frac{r_1}{r_3}=\frac{kc_1^m(S_2O_8^{2-})c_1^n(I^-)}{kc_3^m(S_2O_8^{2-})c_3^n(I^-)}$$

因为 $c_3^n(I^-)=c_1^n(I^-)$，所以：

$$\frac{r_1}{r_3}=\frac{kc_1^m(S_2O_8^{2-})}{kc_3^m(S_2O_8^{2-})}$$

又因为 r_1、r_3 已测得，$c_1(S_2O_8^{2-})$、$c_3(S_2O_8^{2-})$ 已知，即可求 m 值。同理可求出 n 值。

然后，计算不同温度下反应速率常数 k，通过作图法计算反应的活化能 E_a，见上述实验原理（文献值 $E_a=51.8\ kJ\cdot mol^{-1}$）。最后计算相对误差。

六、注意事项

$(NH_4)_2S_2O_8$ 本身具有强氧化性而不稳定，其 $E^{\ominus}(S_2O_8^{2-}/SO_4^{2-})=2.01\ V$，在受热或有还原剂存在的条件下易分解或被还原。因此，$(NH_4)_2S_2O_8(s)$ 需在低温条件下保存，且不能长期存放。当使用过期的 $(NH_4)_2S_2O_8(s)$ 时，由于 $(NH_4)_2S_2O_8$ 的实际含量低于试剂标明的含量，实验可能出现反常情况。如配制的 $(NH_4)_2S_2O_8$ 低于 $1/2c(Na_2S_2O_3)$ 时，可能发生 $\Delta t\rightarrow\infty$ 的现象。配制好的 $(NH_4)_2S_2O_8$ 溶液也不稳定，随存放时间延长浓度不断下降。因此该实验应使用新购买且在有效期内的 $(NH_4)_2S_2O_8(s)$ 试剂。配制好的 $(NH_4)_2S_2O_8$ 也不宜放置过长时间，最好是现用现配。

又由于 $Na_2S_2O_3$ 水溶液也不太稳定，常发生下列反应：

$$2Na_2S_2O_3+O_2(\text{空气中})\longrightarrow 2Na_2SO_4+2S\downarrow$$

$$Na_2S_2O_3\longrightarrow Na_2SO_3+S\downarrow$$

如果 $Na_2S_2O_3$ 溶液中的 $Na_2S_2O_3$ 已全部分解，此时加入 $(NH_4)_2S_2O_8$ 溶液，则可能会立即出现蓝色，$\Delta t\rightarrow 0$。所以本实验结果的准确性主要依赖于 $Na_2S_2O_3$ 和 $(NH_4)_2S_2O_8$ 溶液浓度的准确性。

七、思考题

(1)实验中向 KI、$Na_2S_2O_3$、KNO_3 和淀粉的混合溶液中加入 $(NH_4)_2S_2O_8$ 时为什么要迅速？加 $Na_2S_2O_3$ 的目的是什么？$Na_2S_2O_3$ 的用量过多或过少，对实验结果有何影响？

(2)实验中为什么可以由反应溶液出现蓝色的时间长短来计算反应速率？溶液出现蓝色后，反应是否终止了？

(3)若不用 $S_2O_8^{2-}$ 而用 I^- 的浓度变化来表示反应速率，反应速率常数 k 是否相同？

实验 4　溶液中的离子反应

一、实验目的

(1)加强学生对酸碱平衡、沉淀平衡与配位平衡相关理论知识的理解。

(2)掌握缓冲溶液的配制方法；熟悉 pH 试纸的使用；掌握离心机的使用方法。

(3)验证沉淀的生成、转化、溶解和分离。

(4)通过实验区分配合物离子与简单离子的异同，深入理解配合物(离子)的特征。

(5)验证配位平衡的影响因素及其与其他平衡的相互关系。

(6)了解配合物的一些实际应用。

二、实验原理

1. 酸碱平衡原理

弱电解质在水溶液中是部分解离的，溶液中存在已解离弱电解质组分的离子和未解离弱电解质分子之间的平衡，如一元弱酸 HA：

$$HA \rightleftharpoons H^+ + A^-$$

其解离平衡常数为

$$K_a^{\ominus} = \frac{[H^+][A^-]}{[HA]} \tag{3-19}$$

解离平衡常数 $K_a^{\ominus}$ 是表征弱酸解离程度大小的特征常数，$K_a^{\ominus}$ 越小，表示电解质越弱，越不容易解离。向弱电解质溶液中加入含有相同离子的易溶强电解质，例如在 HAc 中加入 NaAc 或 HCl，就会使弱电解质的平衡向左移动，使 HAc 的解离度降低，这种现象称为同离子效应。

如果溶液中同时存在弱酸及其共轭碱，或弱碱及其共轭酸，那么在溶液中加入少量酸或碱时，溶液的 pH 不会发生显著变化，这种溶液称为缓冲溶液。例如向 HAc 和 NaAc 的混合溶液中加入少量酸，H^+ 可与 Ac^- 结合生成 HAc 分子，使酸浓度变化不大；若加入少量碱，则 OH^- 与 H^+ 反应生成水，使碱浓度变化不大，因此 HAc-NaAc 溶液可组成缓冲溶液。

缓冲溶液 pH 的计算公式为：

$$pH = pK_a^{\ominus} - \lg \frac{c_{共轭酸}}{c_{共轭碱}} \tag{3-20}$$

水溶液中，离子酸（或离子碱）的解离反应是该酸（或碱）与水分子发生质子得失生成相应的共轭碱（或共轭酸）。一对互为共轭酸碱对的 $K_a^{\ominus}$、$K_b^{\ominus}$ 与水的离子积常数 $K_w^{\ominus}$ 之间存在一定的关系。如 NaAc 的解离反应式：

$$Ac^- + H_2O \rightleftharpoons HAc + OH^-$$

$$HAc \rightleftharpoons H^+ + Ac^-$$

则

$$K_a^{\ominus} \cdot K_b^{\ominus} = K_w^{\ominus} \tag{3-21}$$

2. 沉淀平衡原理

对于难溶电解质，在一定温度下，当溶解与沉淀的速率相等时，沉淀物质和溶液中相应的离子之间达到动态多相离子平衡，简称沉淀溶解平衡。例如，AgCl 的沉淀溶解平衡：

$$AgCl(s) \rightleftharpoons Ag^+ + Cl^-$$

难溶电解质的饱和溶液中，各组分离子浓度幂的乘积为一常数，称溶度积常数 $K_{sp}^{\ominus}$。例如，AgCl 溶液中，当 Ag^+ 和 Cl^- 浓度幂的乘积（离子积）大于溶度积$K_{sp}^{\ominus}$(AgCl)时，便有沉淀产生；若离子积小于其溶度积，沉淀便溶解；若离子积等于其溶度积，则为平衡态的饱和溶液，这就是溶度积规则。

3. 配位平衡原理

含配离子的配位化合物是由内界（中心离子与配体组成的配离子）与外界（其他离子）组成的。配位化合物简称配合物，它与复盐不同，在水溶液中解离出的配离子十分稳定，只有很少的一部分解离成简单离子，而复盐则全部解离为简单离子。例如：

$$Ag(NH_3)_2Cl = Ag(NH_3)_2^+ + Cl^-$$

$$Fe_2(SO_4)_3 \cdot (NH_4)_2SO_4 \cdot 24H_2O = 2Fe^{3+} + 2NH_4^+ + 4SO_4^{2-} + 24H_2O$$

配离子在水溶液中也存在解离平衡。例如：

$$Ag^+ + 2NH_3 \rightleftharpoons Ag(NH_3)_2^+$$

$$K_f^\ominus = \frac{[Ag(NH_3)_2^+]}{[Ag^+][NH_3]^2}$$

$K_f^\ominus$ 为配合物的稳定常数，只与配合物的本性及温度有关，而与浓度无关。对于同种类型的配离子，配合物的稳定常数越大，表示配离子越稳定。

根据化学平衡移动原理，当改变中心离子或配体的浓度时（如加入沉淀剂、改变溶液浓度和溶液酸度等），都能使配位平衡发生移动。

螯合物是由中心离子和多齿配体配合而成的具有环状结构的配合物，又叫内配合物。许多金属离子的螯合物具有特定的颜色。如 Ni^{2+} 和丁二酮肟配合生成的螯合物为鲜红色沉淀，该反应的最佳 pH 为 5～10，酸度过大时，因酸效应过大而使配体的配位能力下降；酸度太小时，又导致金属离子的水解反应发生。

在定性鉴定或定量分析中，经常利用生成配离子的方法掩蔽干扰离子。例如，Co^{2+} 与 NCS^- 反应生成$[Co(NCS)_4]^{2-}$，该配离子溶于戊醇而呈蓝色，可以利用这一特性鉴定 Co^{2+}。如果 Co^{2+} 溶液中含有 Fe^{3+}，则因生成血红色的$[Fe(NCS)_6]^{3-}$配离子而将$[Co(NCS)_4]^{2-}$配离子的蓝色掩盖。可加入 F^- 与 Fe^{3+} 生成更稳定的无色$[FeF_6]^{3-}$配离子，把 Fe^{3+} 掩蔽起来，从而消除 Fe^{3+} 的干扰。

三、仪器、试剂和材料

1. 仪器

试管、试管架、离心试管、离心机、表面皿、酒精灯、试管夹、烧杯、点滴板。

2. 试剂和材料

0.1 mol·L^{-1}和 6 mol·L^{-1} HCl 溶液，1 mol·L^{-1}、2 mol·L^{-1}和 6 mol·L^{-1} HNO_3溶液，0.1 mol·L^{-1}、0.2 mol·L^{-1}和 6.0 mol·L^{-1} HAc 溶液，0.1 mol·L^{-1}和 2.0 mol·L^{-1} NaOH 溶液，0.1 mol·L^{-1}、2.0 mol·L^{-1}和 6 mol·L^{-1} $NH_3 \cdot H_2O$ 溶液（氨水），0.1 mol·L^{-1}和 1 mol·L^{-1} NaCl 溶液，0.1 mol·L^{-1} $MgCl_2$ 溶液，0.1 mol·L^{-1} $BaCl_2$ 溶液，0.1 mol·L^{-1} $AgNO_3$溶液，0.001 mol·L^{-1}和 0.1 mol·L^{-1} $Pb(NO_3)_2$ 溶液，1 mol·L^{-1} Na_2S 溶液，0.1 mol·L^{-1}和 0.2 mol·L^{-1} NaAc 溶液，0.1 mol·L^{-1} Na_2CO_3 溶液，0.001 mol·L^{-1}和 0.1 mol·L^{-1} KI 溶液，0.05 mol·L^{-1} $FeSO_4$ 溶液，0.1 mol·L^{-1} $K_4[Fe(CN)_6]$溶液，0.1 mol·L^{-1} $FeCl_3$ 溶液，0.1 mol·L^{-1} $K_3[Fe(CN)_6]$溶液，0.1 mol·L^{-1} $NH_4Fe(SO_4)_2$溶液，0.1 mol·L^{-1} KSCN 溶液，0.1 mol·L^{-1} KBr 溶液，0.1 mol·L^{-1} NaS_2O_3溶液，0.1 mol·L^{-1} $CuSO_4$溶液，0.25 mol·L^{-1} $Co(NO_3)_2$溶液，0.1 mol·L^{-1} EDTA 溶液，0.1 mol·L^{-1} $NiSO_4$溶液，0.1 mol·L^{-1} NH_4F 溶液，饱和 NaF 溶液，饱和 NH_4SCN 溶液，戊醇，碘水，1%丁二酮肟溶液，饱和 PbI_2 溶液，酚酞溶液，甲基橙溶液，环己烷，$NH_4Cl(s)$，$NH_4Ac(s)$，$Fe(NO_3)_3(s)$，$CoCl_2 \cdot 6H_2O(s)$，$CaSO_4(s)$，pH 试纸（广范及精密），去离子水。

四、实验步骤

1. 酸碱平衡

(1)缓冲溶液的性质

① 在一支试管中加 3 mL 0.1 mol·L^{-1} HAc 溶液和 3 mL 0.1 mol·L^{-1} NaAc 溶液，摇匀后用广范 pH 试纸测定溶液的 pH。将溶液分成体积相当的 3 份，一份加入 1 滴 0.1

$mol \cdot L^{-1}$ HCl 溶液，另一份加入 1 滴 0.1 $mol \cdot L^{-1}$ NaOH 溶液，最后一份加入 2 mL 去离子水，分别用 pH 试纸检测溶液的 pH。

② 利用实验室提供的药品和试剂，提出配制总体积为 6 mL、pH 为 8～10 的缓冲溶液的设计方案。配制完成后，用 pH 试纸检测所配溶液 pH，并检验其缓冲能力。

(2)离子酸碱的解离平衡

① 取豆粒大小的 $Fe(NO_3)_3$ 固体，加约 3 mL 水振荡溶解后观察溶液的颜色。用 pH 试纸检测溶液的 pH 后，将溶液分成 3 份，一份在小火上加热至沸，观察并记录现象；另一份滴加 2 $mol \cdot L^{-1}$ HNO_3 溶液，最后一份留作比较，观察并记录现象。写出反应方程式，说明加热对水解的影响。

② 用精密 pH 试纸分别检测 0.1 $mol \cdot L^{-1}$、0.2 $mol \cdot L^{-1}$ NaAc 溶液及 0.1 $mol \cdot L^{-1}$ Na_2CO_3 溶液的 pH 并记录，分析存在差异的原因并写出相关反应方程式。

2. 沉淀溶解平衡

取洁净试管加入 0.1 $mol \cdot L^{-1}$ $MgCl_2$ 溶液 1 mL，并用 pH 试纸检测溶液的 pH；向溶液中滴加 2 $mol \cdot L^{-1}$ $NH_3 \cdot H_2O$ 溶液，并观察生成沉淀现象；再向此溶液中加入少量固体 NH_4Cl 并振荡，观察沉淀的变化。写出方程式并解释实验现象。

(1)溶度积规则的应用

① 在试管中加 3 滴 0.1 $mol \cdot L^{-1}$ $Pb(NO_3)_2$ 溶液和 3 滴 0.1 $mol \cdot L^{-1}$ KI 溶液，观察有无沉淀生成。

② 用 0.001 $mol \cdot L^{-1}$ $Pb(NO_3)_2$ 溶液和 0.001 $mol \cdot L^{-1}$ KI 溶液各 3 滴重复上述实验，观察实验现象并用溶度积规则解释。

(2)沉淀的溶解和转化

① 取 2 滴 0.1 $mol \cdot L^{-1}$ $AgNO_3$ 溶液，加 1 滴 1 $mol \cdot L^{-1}$ NaCl 溶液，观察是否有沉淀生成；再逐滴加入 6 $mol \cdot L^{-1}$ $NH_3 \cdot H_2O$ 溶液，观察有何现象。写出反应方程式。

② 在离心试管中加入 2 滴 0.1 $mol \cdot L^{-1}$ $AgNO_3$ 溶液，再加 2 滴 1 $mol \cdot L^{-1}$ Na_2S 溶液，观察沉淀的生成。离心分离，弃去上层清液。在沉淀上加几滴 6 $mol \cdot L^{-1}$ HNO_3 溶液，微热，观察有何现象。写出反应方程式并解释实验现象。

③ 取两支试管，分别加入 0.1 g $CaSO_4$；其中一支试管加入 1 mL 0.2 $mol \cdot L^{-1}$ HAc，振荡观察固体是否溶解；另一支试管加入几滴 6 $mol \cdot L^{-1}$ HCl 溶液，振荡观察固体是否溶解。自行设计溶解 $CaSO_4$ 固体的实验，并验证。

3. 同离子效应

① 取 5 滴 0.1 $mol \cdot L^{-1}$ $NH_3 \cdot H_2O$ 溶液，加 1 滴酚酞溶液，观察溶液颜色变化；再加入少许固体 NH_4Ac，观察溶液颜色变化，

② 自行设计并验证同离子效应使醋酸溶液中 H^+ 浓度降低的实验，要求给出具体的实验操作和检测结果。

③ 在试管中加入 5 滴饱和 PbI_2 溶液，然后加入 3～4 滴 0.1 $mol \cdot L^{-1}$ KI 溶液，振荡试管后，观察有何现象，并解释原因。

4. 配位平衡

(1)简单离子和配位离子的区别

① 取 1.0 mL 0.1 $mol \cdot L^{-1}$ $FeCl_3$ 溶液，滴加 3～4 滴 0.1 $mol \cdot L^{-1}$ KSCN，观察溶液颜色

变化(形成血红色的配合物,这是检验 Fe^{3+} 的方法)。将溶液保留,供后续实验使用。

② 以相同浓度($0.1\ mol \cdot L^{-1}$)$K_3[Fe(CN)_6]$溶液代替 $FeCl_3$ 溶液,做同样的实验,观察溶液是否呈血红色。

根据实验现象,说明简单离子和配离子的区别。

(2)复盐和配合物的区别

① 在两支试管中分别取 4 滴 $0.1\ mol \cdot L^{-1}K_3[Fe(CN)_6]$、$0.1\ mol \cdot L^{-1}NH_4Fe(SO_4)_2$ 溶液,然后各加入 2 滴 $0.1\ mol \cdot L^{-1}KSCN$,观察溶液颜色的变化,解释实验现象。

② 在盛有 4 滴 $0.1\ mol \cdot L^{-1}NH_4Fe(SO_4)_2$ 溶液的试管中,先加入 2 滴 $1\ mol \cdot L^{-1}HCl$,再加入 2 滴 $0.1\ mol \cdot L^{-1}BaCl_2$,观察溶液颜色的变化。写出离子反应方程式,并解释实验现象。

(3)配离子的解离平衡移动

① 取米粒大小的固体 $CoCl_2 \cdot 6H_2O$ 于试管中,加水溶解,观察现象。倒出少量于另一支试管中,往试管中滴加浓盐酸,观察颜色变化情况;再滴加水,观察颜色有何变化并解释现象。

② 取 5 滴 $0.1\ mol \cdot L^{-1}AgNO_3$ 溶液加入试管中,边振荡边滴加 $2.0\ mol \cdot L^{-1}NH_3 \cdot H_2O$ 溶液,观察沉淀的生成;继续滴加 $2.0\ mol \cdot L^{-1}NH_3 \cdot H_2O$ 溶液至沉淀溶解,再多加10 滴,制得$[Ag(NH_3)_2]^+$溶液。将所得溶液均分于两支试管中,第 1 支试管中加入 5 滴$0.1\ mol \cdot L^{-1}$ NaCl 溶液,第 2 支试管中加入 5 滴 $0.1\ mol \cdot L^{-1}$KI 溶液,观察比较结果,并加以说明。在第 1 支试管中,再加入数滴 $6.0\ mol \cdot L^{-1}HNO_3$溶液,观察有什么现象发生,写出反应方程式并解释原因。

③ 取 1 支试管,加入 5 滴 $0.1\ mol \cdot L^{-1}CuSO_4$ 溶液,滴加 $2.0\ mol \cdot L^{-1}NH_3 \cdot H_2O$溶液,观察沉淀的生成;继续加入 $2.0\ mol \cdot L^{-1}NH_3 \cdot H_2O$ 溶液并不断振荡直至生成深蓝色溶液,再多加 10 滴就制成$[Cu(NH_3)_4]^{2+}$溶液。将所得溶液分成两份,一份保留备用,另一份加 $6.0\ mol \cdot L^{-1}$HAc 溶液至酸性(用 pH 试纸测定),观察有何变化,说明原因。

④ 在盛有 5 滴 $0.1\ mol \cdot L^{-1}AgNO_2$ 溶液的试管中,滴加 $0.1\ mol \cdot L^{-1}$NaCl 溶液直至完全生成沉淀,静置,倾去上层清液。然后按下列顺序接续实验:边摇边滴加 $2.0\ mol \cdot L^{-1}NH_3 \cdot H_2O$溶液至沉淀刚好溶解;滴加 $0.1\ mol \cdot L^{-1}$KBr 溶液,观察有何沉淀生成;静置,倾去上层清液,滴加 $0.1\ mol \cdot L^{-1}Na_2S_2O_3$ 溶液并不断振荡直至沉淀刚好溶解;滴加 $0.1\ mol \cdot L^{-1}$KI 溶液,观察溶液又有何变化。

写出以上各步反应的离子方程式,并根据实验现象比较$[Ag(NH_3)_2]^+$、$[Ag(S_2O_3)_2]^{3-}$配离子稳定常数的大小和 AgCl、AgBr、AgI 溶度积常数的大小。

(4)配离子的稳定性

把实验步骤 4(1)①保留的溶液分成 3 份,分别装入 3 支试管:

① 在第 1 支试管内滴加数滴 $0.1\ mol \cdot L^{-1}NH_4F$ 溶液;

② 在第 2 支试管内滴加数滴 $0.1\ mol \cdot L^{-1}$EDTA 溶液;

③ 在第 3 支试管内滴加数滴 $0.1\ mol \cdot L^{-1}NH_4F$ 溶液至无色后,加入 $0.1\ mol \cdot L^{-1}$EDTA 溶液。

观察 3 支试管内溶液颜色的变化,比较$[Fe(SCN)_6]^{3-}$、$[FeY]^-$和$[FeF_6]^{3-}$ 3 种配离子的稳定性。

(5)配离子的掩蔽作用

取两支试管,同时加入 1 滴 $0.1\ mol \cdot L^{-1}FeCl_3$溶液、4 滴 $0.25\ mol \cdot L^{-1}Co(NO_3)_2$溶液和 1 mL 戊醇,摇匀。在其中一支试管中再加入 10 滴饱和 NaF 溶液,然后在两支试管中同时加入 6 滴饱和 NH_4SCN 溶液，比较两支试管中的现象。说明原因，写出离子反应方程式。

(6)螯合物的形成

① 滴加 1 滴 0.1 mol·L^{-1} $NiSO_4$ 溶液于点滴板上，再滴加 1 滴 2.0 mol·L^{-1} $NH_3 \cdot H_2O$ 溶液和 1 滴 1%丁二酮肟溶液，观察现象，说明原因。

② 在实验步骤 4(3)③制备的$[Cu(NH_3)_4]^{2+}$溶液中，滴加 0.1 mol·L^{-1} EDTA 溶液，观察有何现象，解释原因。

五、思考题

(1)如何用 0.2 mol·L^{-1} HAc 溶液和 0.2 mol·L^{-1} NaAc 溶液配制 10 mL、pH=4.1 的缓冲溶液？

(2)将下面的两种溶液混合，是否能形成缓冲溶液？为什么？

10 mL 0.2 mol·L^{-1}盐酸与 10 mL 0.4 mol·L^{-1} $NH_3 \cdot H_2O$溶液。

10 mL 0.4 mol·L^{-1}盐酸与 10 mL 0.2 mol·L^{-1} $NH_3 \cdot H_2O$溶液。

(3)如何证明$[Ag(NH_3)_2]^+$配离子溶液中有 Ag^+？

(4)下述两支试管中发生的反应有何不同？

① Fe^{3+}溶液滴加到 I^- 溶液中。

② Fe^{3+}溶液滴加到饱和$(NH_4)_2C_2O_4$溶液与 I^- 的混合溶液中。

(5)通过实验总结简单离子形成配离子后，哪些性质会发生改变？

(6)影响配位平衡的主要因素是什么？

实验 5　难溶强电解质溶度积常数的测定

Ⅰ　离子交换法测定硫酸钙的溶度积

一、实验目的

(1)了解用离子交换法测定难溶电解质的溶解度和溶度积的原理和方法。

(2)了解离子交换树脂的一般使用方法。

(3)进一步学习酸度计的使用。

二、实验原理

离子交换树脂是一种人工合成的具有离子交换功能的高分子材料，它通常由不溶性的三维空间网状结构的骨架与连接在骨架上的功能基团所构成。含有酸性基团[如磺酸基($—SO_3H$)或羧酸基(—COOH)]而能与其他物质交换阳离子的称为阳离子交换树脂。含有碱性基团[如季铵基($—NR_3^+OH^-$)或胺基($—NH_2$)]而能与其他物质交换阴离子的称为阴离子交换树脂。本实验用强酸型阳离子交换树脂(用 RSO_3H 表示)交换硫酸钙饱和溶液中的 Ca^{2+}，其交换反应为

$$2R—SO_3H + Ca^{2+} \rightleftharpoons (R—SO_3)_2Ca + 2H^+$$

由于 $CaSO_4$ 是微溶盐，饱和溶液中存在下列离子平衡：

$$CaSO_4(s) \rightleftharpoons Ca^{2+}(aq) + SO_4^{2-}(aq) \tag{3-22}$$

其溶度积表达式为 $K_{sp}^{\ominus}(CaSO_4) = \left[\frac{c(Ca^{2+})}{c^{\ominus}}\right]\left[\frac{c(SO_4^{2-})}{c^{\ominus}}\right] = [Ca^{2+}][SO_4^{2-}]$

当溶液流经交换树脂时，由于 Ca^{2+} 被交换，平衡向正方向移动，$CaSO_4$ 不断溶解，结果全

部的 Ca^{2+} 被交换为 H^+，因此流出液应是酸溶液。用酸度计测定酸性流出液的 pH，即可求得流出液的 $c(H^+)$，从而可计算出 $CaSO_4$ 的溶解度 s（用 $mol \cdot L^{-1}$ 表示）：

$$s = c(Ca^{2+}) = c(SO_4^{2-}) = \frac{c(H^+)}{2} \tag{3-23}$$

根据溶解度和溶度积 $K_{sp}^{\ominus}$ 之间的关系，可求出 $CaSO_4$ 的溶度积：

$$K_{sp}^{\ominus}(CaSO_4) = [Ca^{2+}][SO_4^{2-}] = \left[\frac{s}{c^{\ominus}}\right]^2$$

三、仪器和试剂

1. 仪器

烧杯、100 mL 容量瓶、pH 试纸、移液管、离子交换柱（一根）、玻璃纤维、酸度计。

2. 试剂

$CaSO_4$ 饱和溶液、强酸型阳离子交换树脂（732 型）、2.0 $mol \cdot L^{-1}$ HCl 及 pH=4.00 的邻苯二甲酸氢钾标准缓冲溶液。

四、实验步骤

1. 装柱

在交换柱底部填入少量玻璃纤维，将用去离子水浸泡 24～48 h 的钠型阳离子交换树脂和去离子水注入交换柱内，用塑料通条赶尽树脂间气泡，保持水面高于树脂。

2. 转型

为保证 Ca^{2+} 完全被 H^+ 交换，必须将钠型转变为氢型，否则实验结果将偏低。用 130 mL 2.0 $mol \cdot L^{-1}$ HCl 以 30 滴 $\cdot$ min^{-1} 的流速流过离子交换树脂，然后用去离子水淋洗树脂直到流出液呈中性为止（用 pH 试纸检验）。以上操作由实验室人员完成。

3. 交换和洗涤

用移液管吸取 25.00 mL $CaSO_4$ 饱和溶液，放入离子交换柱中。开始时流出液为中性水溶液，可以用小烧杯承接，控制流速在 20～25 滴 $\cdot$ min^{-1}，不宜太快，否则交换不完全。当液面下降到略高于树脂（1～2 cm）时，补充 25 mL 去离子水将交换下来的 H^+ 洗脱。当液面再次下降到接近树脂时，还要补充 25 mL 去离子水洗涤。当小烧杯中的水约有 50 mL 时，用 pH 试纸检验流出液是否显酸性。这段时间可以改换 100 mL容量瓶承接流出液，注意不要等流出液已经呈酸性再用容量瓶承接。再次用水洗脱时，流出速度可以调快一些（40～50 滴 $\cdot$ min^{-1}），直至流出液为中性（pH 接近 7）。旋紧螺旋夹，移走容量瓶，加去离子水至液面高于树脂面 6 cm 以上，以免混进气泡。

4. 氢离子浓度的测定

向装有全部 H^+ 流出液的容量瓶中加去离子水至刻度线（定容），摇匀。倒出一部分于烧杯中，用酸度计测定溶液的 pH，求 100 mL 流出液的 $c(H^+)$。

五、数据记录和处理

将难溶电解质溶解度和溶度积测定结果填入表 3-7。不同温度下 $CaSO_4$ 的溶解度见表 3-8。

表 3-7　难溶电解质溶解度和溶度积测定结果记录表

项目	重复 1	重复 2
$CaSO_4$ 饱和溶液的温度/℃		

续表3-7

项目	重复 1	重复 2
被交换的 $CaSO_4$ 饱和溶液的体积/mL		
流出液的 pH		
100 mL 流出液的 $c(H^+)/(mol \cdot L^{-1})$		
$CaSO_4$ 的溶解度 $s/(mol \cdot L^{-1})$		
$CaSO_4$ 的溶度积常数 $K_{sp}^{\ominus}$		

表 3-8　不同温度下 $CaSO_4$ 溶解度的文献值

温度/℃	0	10	20	30
溶解度/$(mol \cdot L^{-1})$	1.29×10^{-2}	1.43×10^{-2}	1.50×10^{-2}	1.54×10^{-2}

六、思考题

(1) 如何根据实验结果计算溶解度和溶度积?

(2) 操作过程中,为什么液体的流速不宜太快?

(3) $CaSO_4$ 饱和溶液通过交换柱时,为什么要用去离子水洗涤至溶液呈中性? 为什么应将被交换下来的氢离子全部承接在容量瓶中?

Ⅱ　碘化铅溶度积常数的测定

一、实验目的

(1)了解分光光度计测定难溶盐溶度积常数的原理和方法。

(2)学习单光束单波长分光光度计的使用方法。

(3)学习标准曲线法测定物质浓度。

二、实验原理

在一定温度下,难溶电解质 PbI_2 达成下列沉淀溶解平衡:

$$PbI_2\ (s) \rightleftharpoons Pb^{2+}\ (aq) + 2I^-\ (aq)$$

其溶度积可表示为

$$K_{sp}^{\ominus} = [Pb^{2+}]\ [I^-]^2$$

设 PbI_2 的溶解度为 s,则平衡时 $c(Pb^{2+}) = s$,$c(I^-) = 2s$,有

$$K_{sp}^{\ominus} = [Pb^{2+}]\ [I^-]^2 = \left[\frac{s}{c^{\ominus}}\right]\left[\frac{2s}{c^{\ominus}}\right]^2 = 4\left[\frac{s}{c^{\ominus}}\right]^3$$

或

$$K_{sp}^{\ominus} = [Pb^{2+}]\ [I^-]^2 = \frac{[I^-]^3}{2}$$

从上述关系可以看出,只要知道 PbI_2 饱和溶液中碘离子的浓度,就可以求出碘化铅的溶度积 $K_{sp}^{\ominus}$。

本实验采用分光光度法测定碘化铅的溶度积,由于碘离子在可见光区无吸收,但碘单质

(I_2)在特定波长下具有明显吸收，可以通过分光光度法间接测定碘离子的浓度。首先，将沉淀溶解平衡体系中的碘离子与亚硝酸钾(KNO_2)反应得到碘单质(保持 I_2 浓度在其饱和浓度以下)。然后，在特定波长(如 520 nm 或 525 nm)下，使用分光光度计测定碘单质溶液的吸光度，并根据吸光度—浓度标准曲线计算出碘离子的浓度。

三、仪器和试剂

1. 仪器

移液管、分光光度计、致密定性滤纸、漏斗、量筒、洗耳球、镜头纸、橡皮塞、试管。

2. 试剂

6.0 $mol \cdot L^{-1}$ HCl、0.003 5 $mol \cdot L^{-1}$ KI 、0.020 $mol \cdot L^{-1}$ KNO_2 、PbI_2 饱和溶液。

四、实验步骤

1. 浓度标准曲线的绘制

在 5 支干净、干燥的小试管中分别加入 1.00 mL、1.50 mL、2.00 mL、2.50 mL、3.00 mL 0.003 5 $mol \cdot L^{-1}$ KI 溶液，再分别加入 2.00 mL 0.020 $mol \cdot L^{-1}$ KNO_2 溶液、3.00 mL 去离子水及 1 滴 6.0 $mol \cdot L^{-1}$ HCl 溶液(测量前加入)。摇匀后，分别倒入比色皿中。以水作参比溶液，在 520 nm波长下测定吸光度 A。以测得的吸光度 A 为纵坐标，以相应 I^- 浓度为横坐标，绘制碘离子标准曲线。

2. PbI_2 饱和溶液吸光度的测定

将存储的 PbI_2 饱和溶液在使用前摇匀、静置(进入实验室首先进行这步操作，可节省时间)，半小时后过滤。用移液管分别取 2.00 mL 过滤后 PbI_2 饱和溶液，加入 3 个干燥的小试管中，再各分别加入 2.00 mL 0.020 $mol \cdot L^{-1}$ KNO_2 溶液、2.00 mL 离子水及 1 滴 6.0 $mol \cdot L^{-1}$ HCl 溶液(测量前加入)。摇匀后，分别倒入 2 cm 比色皿中，以水作参比溶液，在 520 nm 波长下测定溶液的吸光度 A。

五、数据记录和处理

将浓度标准曲线绘制实验数据填入表 3-9，PbI_2 溶度积测定实验数据填入表 3-10。

表 3-9 浓度标准曲线绘制实验数据记录表

I^- 浓度/($mol \cdot L^{-1}$)	1	2	3	4	5
吸光度 A					

表 3-10 PbI_2 溶度积测定数据记录及处理表

试管编号	吸光度 A	由标准曲线查得 I^- 浓度/($mol \cdot L^{-1}$)	PbI_2 饱和溶液中 I^- 浓度/($mol \cdot L^{-1}$)	PbI_2 溶度积 $K_{sp}^{\ominus}$	$K_{sp}^{\ominus}$ 平均值
1					
2					
3					

六、思考题

(1)实验中为什么要加入 KNO_2 和 HCl 溶液？

(2)通过采取哪些措施,可以减小实验过程中产生的误差?
(3)绘制浓度工作曲线时需要注意什么?
(4)分光光度法的优点有哪些?

实验 6　醋酸标准电离常数和食醋中醋酸含量的测定

一、实验目的

(1)了解用 pH 法测定醋酸标准电离常数的原理和方法。
(2)加深对弱电解质电离平衡基本概念的理解。
(3)掌握酸度计的正确使用方法,学习滴定管的基本操作。
(4)了解食醋中醋酸含量的测定原理和方法。

二、实验原理

醋酸是弱电解质,在水溶液中存在下列电离平衡:

$$HAc \rightleftharpoons H^+ + Ac^-$$

其电离常数的表达式为

$$K_a^{\ominus} = \frac{[H^+][Ac^-]}{[HAc]} \qquad (3\text{-}24)$$

设醋酸的起始浓度为 c,若忽略由水电离所提供的 H^+ 的量,则平衡时$[H^+]=[Ac^-]=x$,代入式(3-24),可以得到:

$$K_a^{\ominus} = \frac{x^2}{c-x} \qquad (3\text{-}25)$$

$K_a^{\ominus}$ 不随溶液浓度的改变而改变,但随温度的变化略有改变。在一定温度下,若配制一系列已知浓度的醋酸溶液,并用酸度计测定其 pH,根据 $pH=-\lg c(H^+)$,换算成 $c(H^+)$,代入式(3-25),可求得一系列对应的 $K_a^{\ominus}$ 值,取其平均值,即为该温度下醋酸的标准电离常数。

同样,根据下式可以求出解离度 α:

$$\alpha = c(H^+)/c \qquad (3\text{-}26)$$

食用白醋是以蒸馏过的酒发酵制成的,或者直接用食品级的醋酸兑制。除3%~5%醋酸和水外,白醋不含或极少含其他成分。通过酸度计测定白醋溶液的 pH,可以计算出溶液中 H^+ 的浓度。把$[H^+]=10^{-pH}$代入式(3-25)可得:

$$K_a^{\ominus}(HA) = \frac{[10^{-pH}]^2}{c(1-10^{-pH})}$$

$$c = \frac{[10^{-pH}]^2}{K_a^{\ominus}(HA)(1-10^{-pH})} \qquad (3\text{-}27)$$

由于 pH 和 $K_a^{\ominus}$ 在实验中已经测出,代入式(3-27)就可以算出白醋溶液中醋酸的含量。

三、仪器、试剂和材料

1. 仪器

酸度计、四氟乙烯滴定管、烧杯、10 mL 移液管、250 mL 容量瓶、洗瓶、洗耳球、玻璃棒。

2. 试剂和材料

HAc(已知浓度,由实验室提供)、市售白醋、擦镜纸或滤纸片。

四、实验步骤

1. 醋酸溶液浓度的测定

以酚酞为指示剂，用已知浓度的氢氧化钠溶液测定醋酸的浓度，把结果填入表 3-11。

表 3-11　醋酸浓度测定结果记录表

项目		重复 1	重复 2	重复 3
NaOH 溶液的浓度/($mol \cdot L^{-1}$)				
HAc 溶液的用量/mL				
NaOH 溶液的用量/mL				
HAc 溶液的浓度/($mol \cdot L^{-1}$)	测定值			
	平均值			

2. 配制系列已知浓度的醋酸溶液

将 5 支洁净并已干燥的 50 mL 小烧杯编成 1～5 号，然后按表 3-12 进行，用滴定管分别准确量取已知浓度的 HAc 溶液（由实验室提供）的体积和蒸馏水的体积。

3. 醋酸溶液 pH 的测定

用酸度计按由稀到浓的次序测定 1～5 号 HAc 溶液的 pH，把数据填入表 3 -12。

表 3-12　醋酸溶液 pH 测定数据处理表

编号	HAc 的体积/mL	水的体积/mL	HAc 的浓度/($mol \cdot L^{-1}$)	pH	$c(H^+)$	$K_a^\ominus$		α
						测定值	平均值	
1	3.00	45.00						
2	6.00	42.00						
3	12.00	36.00						
4	24.00	24.00						
5	48.00	0						

4. 食醋中醋酸含量的测定

用移液管吸取 10 mL 白醋，加入 250 mL 容量瓶中，用去离子水稀释至刻度。振荡摇匀后取部分倒入 50 mL 干燥烧杯中，用 pH 计测定溶液的 pH，计算食醋中醋酸的浓度。

五、数据记录和处理

(1)计算 1～5 号 HAc 溶液的 $K_a^\ominus$ 值，求出平均值，计算相对误差，并分析误差产生的原因。[文献值：$K_a^\ominus(HAc)=1.76\times10^{-5}$]

(2)计算不同浓度醋酸溶液的解离度 α，思考可得出什么结论。

(3)根据溶液 pH，计算白醋中醋酸的浓度。

注意：本实验的关键是 HAc 溶液的浓度要配准（数值稳定后再读数）。

六、思考题

(1)改变被测 HAc 溶液的浓度或温度，则解离度和电离常数有无变化？若有变化，应怎样变化？

(2)配制不同浓度的 HAc 溶液时，玻璃器皿是否要干燥，为什么？

(3)“解离度越大，酸度就越大”，这句话是否正确？根据本实验结果加以说明。

(4)若 HAc 溶液的浓度极稀，是否能应用近似公式 $K_a^{\ominus}=\frac{[H^+]^2}{[HAc]}$ 求电离常数？

(5)测定不同浓度 HAc 溶液的 pH 时，测定顺序应由稀到浓，为什么？

实验 7　氧化还原反应与电化学

一、实验目的

(1)掌握温度、浓度、酸度、配合物以及沉淀等因素对电极电势和氧化还原反应的影响。

(2)深入理解电极电势和氧化还原反应的关系，并能够熟练运用能斯特方程对实验现象进行解释。

(3)了解原电池的组成和工作原理，掌握原电池电动势的测量方法。

(4)熟悉常用的氧化剂和还原剂。

二、实验原理

氧化还原反应是化学中最为重要和常见的反应之一。其反应的实质是电子的得失或者共用电子对的偏移。在氧化还原反应中，通常是电极电势高的电对中的氧化型物质与电极电势低的电对中的还原型物质之间发生反应。氧化还原反应的方向可根据电极电势的数值加以判断。自发进行的氧化还原反应，氧化剂电对的电极电势代数值应大于还原剂电对的电极电势代数值，即若

$$\varphi(Ox_1/Red_1)>\varphi(Ox_2/Red_2)$$

则

$$a\ Ox_1+b\ Red_2 = a'\ Red_1+b'\ Ox_2$$

其中，Ox_1 表示氧化剂，Red_2 表示还原剂，Ox_2 表示氧化产物，Red_1 表示还原产物。

如果参与反应的各物质均处于标准状态，那么借助标准电极电势表即可判断两物质能否反应，并能确定其反应产物。如果参与反应的物质不全处于标准状态，则必须运用能斯特方程计算出各有关电对的非标准电极电势，才能判断反应能否进行。

讨论有关氧化还原反应问题时，电极电势是重要的物理量，而能斯特方程则是重要公式。能斯特方程集中反映了温度、浓度、压力以及介质的酸度对电极电势的影响。

对于半反应：

$$a\ Ox_1+ne^- = a'\ Red_1$$

相应的能斯特方程为

$$\varphi(Ox_1/Red_1)=\varphi^{\ominus}(Ox_1/Red_1)+\frac{RT}{nF}\ln\frac{[c(Ox_1)/C^{\ominus}]^a}{[c(Red_1)/C^{\ominus}]^{a'}}$$

或在 298.15 K 时，

$$\varphi(Ox_1/Red_1)=\varphi^{\ominus}(Ox_1/Red_1)+\frac{0.0592\ V}{n}\lg\frac{[c(Ox_1)/C^{\ominus}]^a}{[c(Red_1)/C^{\ominus}]^{a'}}$$

可见，当氧化型物质的浓度增大或者还原型物质的浓度减小时，电极电势升高，氧化态物质的氧化能力增强，还原型物质的还原性减弱；相反，当还原型物质的浓度增大或者氧化型物

质的浓度减小时，电极电势降低，还原型物质的还原能力增强，氧化型物质的氧化性减弱。如果有 H^+ 或 OH^- 参与电极反应，那么溶液的酸度将影响电极电势。

反应物的浓度和介质酸度还直接影响氧化还原反应的速率。一般而言，反应物浓度越大，反应速率就越快；若 H^+ 或 OH^- 作为反应物参与反应，那么 H^+ 或 OH^- 浓度越大，反应速率也就越快。

此外，当加入某种配位剂或者沉淀剂时，也会使金属离子的浓度显著降低，从而使得电极电势的数值发生较大变化，甚至导致原有氧化还原反应进行的方向发生改变。

原电池由正极、负极及盐桥构成。原电池的电动势为正极的电极电势与负极的电极电势之差，即氧化剂所在电对的电极电势与还原剂所在电对的电极电势之差。即

$$E=\varphi_+-\varphi_-$$

当参与反应的所有物质均处于标准状态时，

$$E^\ominus=\varphi_+^\ominus-\varphi_-^\ominus$$

三、仪器和试剂

1. 仪器

试管、水浴(由酒精灯、三脚架、石棉网、烧杯等组成)、铜电极、锌电极、砂纸(用于打磨铜片和锌片)、盐桥(含 U 型管及饱和 KCl)、伏特计、导线、量筒(25 mL)、烧杯(50 mL)。

2. 试剂

6.0 mol·L^{-1} HAc 溶液，1.0 mol·L^{-1} H_2SO_4 溶液，6.0 mol·L^{-1} NaOH 溶液，0.50 mol·L^{-1} $ZnSO_4$ 溶液，0.50 mol·L^{-1} $CuSO_4$ 溶液，0.10 mol·L^{-1} $FeCl_3$ 溶液，0.10 mol·L^{-1} KI 溶液，0.10 mol·L^{-1} KBr 溶液，0.10 mol·L^{-1} $(NH_4)_2Fe(SO_4)_2$ 溶液，0.10 mol·L^{-1} $NH_4Fe(SO_4)_2$ 溶液，0.10 mol·L^{-1} $CuSO_4$ 溶液，3% H_2O_2 溶液，0.010 mol·L^{-1} $KMnO_4$ 溶液，0.10 mol·L^{-1} $H_2C_2O_4$ 溶液，0.10 mol·L^{-1} Na_2SO_3 溶液，环己烷，NH_4F(s)，浓氨水，去离子水。

四、操作步骤

1. 电极电势与氧化还原反应的关系

在试管中加入 6 滴 0.10 mol·L^{-1} KI 溶液和 3 滴 0.10 mol·L^{-1} $FeCl_3$ 溶液，摇匀后，再加 0.5 mL 环己烷，充分振荡，观察环己烷层的颜色有无变化，并解释现象。

用 0.10 mol·L^{-1} KBr 溶液代替 KI 溶液做上述同样的实验，观察环己烷层的颜色有无变化，并解释现象。写出上述实验有关反应的离子方程式，填入表 3-13。

根据实验比较 Br_2/Br^-、I_2/I^-、Fe^{3+}/Fe^{2+} 3 个电对电极电势的大小，并指出其中最强的氧化剂和还原剂各是什么。

表 3-13 电极电势和氧化还原反应自发性的关系

操作			现象	离子方程式
3 滴 0.10 mol·L^{-1} $FeCl_3$ 溶液	6 滴 0.10 mol·L^{-1} KI 溶液	0.5 mL 环己烷		
	6 滴 0.10 mol·L^{-1} KBr 溶液			

在试管中加入 5 滴 0.10 mol·L^{-1} KI 溶液和 2 滴 1.0 mol·L^{-1} H_2SO_4 溶液酸化，再加 2 滴 3% H_2O_2 溶液，充分振荡，观察并解释现象，写出反应的离子方程式。

在试管中加入 2 滴 0.010 mol·L^{-1} $KMnO_4$溶液，再加入 2 滴 1.0 mol·L^{-1} H_2SO_4溶液酸化，然后滴加 2 滴 3% H_2O_2溶液。观察反应现象，解释现象，写出反应的离子方程式并填入表 3-14。

表 3-14　电极电势和氧化还原反应方向的关系

<table>
<tr><th colspan="3">操作</th><th>现象</th><th>离子方程式</th></tr>
<tr><td>5 滴 0.10 mol·L^{-1} KI 溶液</td><td rowspan="2">2 滴 1.0 mol·L^{-1} H_2SO_4溶液</td><td rowspan="2">2 滴 3% H_2O_2溶液</td><td></td><td></td></tr>
<tr><td>2 滴 0.010 mol·L^{-1} $KMnO_4$溶液</td><td></td><td></td></tr>
</table>

根据实验结果，指出 H_2O_2在上述反应中各起什么作用。

2. 影响氧化还原反应方向的因素

(1)浓度的影响

① 在 1 支试管中加入环己烷、0.10 mol·L^{-1} $NH_4Fe(SO_4)_2$溶液和去离子水各 5 滴，再滴加 5 滴 0.10 mol·L^{-1} KI 溶液，充分振荡，观察环己烷层颜色的变化。保留溶液留作比较。解释现象，写出有关反应的离子方程式并填入表 3-15。

② 在 1 支试管中加入环己烷、0.10 mol·L^{-1} $(NH_4)_2Fe(SO_4)_2$溶液和 0.10 mol·L^{-1} $NH_4Fe(SO_4)_2$溶液各 5 滴，再滴加 5 滴 0.10 mol·L^{-1} KI 溶液，充分振荡，观察环己烷层颜色的变化。与上述实验中环己烷层颜色相比有何区别？解释现象，写出有关反应的离子方程式，并填入表3-15。

表 3-15　浓度对氧化还原反应方向的影响

<table>
<tr><th colspan="4">操作</th><th>现象</th><th>离子方程式</th></tr>
<tr><td>5 滴去离子水</td><td rowspan="2">5 滴 0.10 mol·L^{-1} $NH_4Fe(SO_4)_2$溶液</td><td rowspan="2">5 滴环己烷</td><td rowspan="2">5 滴 0.10 mol·L^{-1} KI 溶液</td><td></td><td></td></tr>
<tr><td>5 滴 0.10 mol·L^{-1} $(NH_4)_2Fe(SO_4)_2$溶液</td><td></td><td></td></tr>
</table>

(2)配位反应的影响

重复上述①中实验，之后加入少量 NH_4F 固体，充分振荡，观察环己烷层颜色的变化，解释现象，写出有关反应的离子方程式并填入表 3-16。

表 3-16　配位反应对氧化还原反应方向的影响

<table>
<tr><th colspan="4">操作</th><th>现象</th><th>离子方程式</th></tr>
<tr><td>不加 NH_4F 固体</td><td rowspan="2">5 滴 0.10 mol·L^{-1} $NH_4Fe(SO_4)_2$溶液</td><td rowspan="2">5 滴环己烷</td><td rowspan="2">5 滴 0.10 mol·L^{-1} KI 溶液</td><td></td><td></td></tr>
<tr><td>加入少量 NH_4F 固体</td><td></td><td></td></tr>
</table>

(3)沉淀反应的影响

在试管中加入 5 滴 0.10 mol·L^{-1} $CuSO_4$溶液和 5 滴 0.10 mol·L^{-1} KI 溶液，观察沉淀的生成；再加入 5 滴环己烷，充分振荡，观察环己烷层的颜色有何变化。写出反应的离子方程式，并填入表 3-17。

表 3-17　沉淀反应对氧化还原反应方向的影响

<table>
<tr><th colspan="2">操作</th><th colspan="2">现象</th><th>离子方程式</th></tr>
<tr><td rowspan="2">5 滴 0.10 mol・L^{-1} $CuSO_4$溶液</td><td rowspan="2">5 滴 0.10 mol・L^{-1} KI 溶液</td><td>观察沉淀</td><td></td><td></td></tr>
<tr><td>加 5 滴环己烷，观察环己烷层</td><td></td><td></td></tr>
</table>

3. 温度、酸度对氧化还原反应速率的影响

(1)温度的影响

在 A、B 两支试管中各加入 1 mL 0.010 mol・L^{-1} $KMnO_4$ 溶液，再各滴加 4 滴 1.0 mol・L^{-1} H_2SO_4溶液；在 C、D 两支试管中各加入 0.5 mL 0.10 mol・L^{-1} $H_2C_2O_4$溶液。将 A、C 两支试管放入约 80 ℃水浴中加热几分钟后，取出，同时将 A 中溶液倒入 C 中，将 B 中溶液倒入 D 中(B、D 两管不加热)。记录 C、D 两支试管中的溶液褪色的时间，解释现象，写出相关反应的离子方程式并填入表 3-18。

表 3-18　温度对氧化还原反应速率的影响

<table>
<tr><th colspan="4">操作</th><th>现象</th><th>离子方程式</th></tr>
<tr><td>A 试管</td><td rowspan="2">1 mL 0.010 mol・L^{-1} $KMnO_4$溶液，4 滴 1.0 mol・L^{-1} H_2SO_4溶液</td><td>加热</td><td rowspan="2">将 A 中溶液倒入 C 中</td><td rowspan="2"></td><td rowspan="2"></td></tr>
<tr><td>B 试管</td><td>—</td></tr>
<tr><td>C 试管</td><td rowspan="2">0.5 mL 0.10 mol・L^{-1} $H_2C_2O_4$溶液</td><td>加热</td><td rowspan="2">将 B 中溶液倒入 D 中</td><td rowspan="2"></td><td rowspan="2"></td></tr>
<tr><td>D 试管</td><td>—</td></tr>
</table>

(2)酸度的影响

在两支试管中各加入 5 滴 0.10 mol・L^{-1} KBr 溶液，再分别加入 2 滴 6.0 mol・L^{-1} HAc 溶液和 1.0 mol・L^{-1} H_2SO_4溶液酸化，然后各加入 2 滴 0.010 mol・L^{-1} $KMnO_4$溶液。记录两支试管中的溶液褪色的时间，解释现象，写出有关反应的离子方程式并填入表 3-19。

表 3-19　酸度对氧化还原反应速率的影响

<table>
<tr><th colspan="3">操作</th><th>现象</th><th>离子方程式</th></tr>
<tr><td rowspan="2">5 滴 0.10 mol・L^{-1} KBr 溶液</td><td>2 滴 6.0 mol・L^{-1} HAc 溶液</td><td rowspan="2">2 滴 0.010 mol・L^{-1} $KMnO_4$溶液</td><td></td><td></td></tr>
<tr><td>2 滴 1.0 mol・L^{-1} H_2SO_4溶液</td><td></td><td></td></tr>
</table>

4. 酸度对氧化还原反应产物的影响

在 3 支试管中各加 2 滴 0.10 mol・L^{-1} Na_2SO_3溶液，再分别加入 1.0 mol・L^{-1} H_2SO_4溶液、

去离子水以及 6.0 mol·L^{-1} NaOH 溶液各 4 滴，然后各加入 2 滴 0.010 mol·L^{-1} $KMnO_4$ 溶液。记录 3 支试管中的现象，解释现象，写出有关反应的离子方程式并填入表 3-20。

表 3-20　酸度对氧化还原反应产物的影响

操作			现象	离子方程式
2 滴 0.10 mol·L^{-1} Na_2SO_3 溶液	4 滴 1.0 mol·L^{-1} H_2SO_4 溶液	2 滴 0.010 mol·L^{-1} $KMnO_4$ 溶液		
	4 滴去离子水			
	4 滴 6.0 mol·L^{-1} NaOH 溶液			

5. 浓度、酸度等对原电池电动势的影响

(1)浓度的影响

在一个 50 mL 小烧杯中加入约 10 mL 0.50 mol·L^{-1} $ZnSO_4$ 溶液，在其中插入锌片；在另一个 50 mL 小烧杯中加入约 10 mL 0.50 mol·L^{-1} $CuSO_4$ 溶液，在其中插入铜片。用盐桥将两烧杯相连，组成一个原电池。用导线将锌片和铜片分别与伏特计的负极和正极相接，测量两极之间的电压。

在 $CuSO_4$ 溶液中加入 20 mL 去离子水，测量电压，观察有何变化。将该烧杯中的 $CuSO_4$ 溶液倒掉，重新加入约 10 mL 0.50 mol·L^{-1} $CuSO_4$ 溶液，再向 $ZnSO_4$ 溶液中加入 20 mL 去离子水，测量电压，观察有何变化。应用能斯特方程来解释实验现象。

(2)酸度、沉淀剂、配位剂的影响

请自行设计实验方案，利用本实验所提供的试剂来探究酸度改变或体系中加入沉淀剂或配位剂时，对原电池的电动势有何影响。例如，如果将上述实验中加入的去离子水更换成滴加少量浓氨水至生成的沉淀溶解为止，两次测量电压又有何变化？应用能斯特方程来解释实验现象。

五、思考题

(1)列出实验中所用到的氧化剂和还原剂。

(2)在酸性、中性、碱性介质中，$KMnO_4$ 和 Na_2SO_3 反应的产物各是什么？

(3)重铬酸钾与氯化钠溶液反应能否制得氯气？重铬酸钾与盐酸反应能否制得氯气？为什么？

(4)过氧化氢为什么有氧化性和还原性？试从电极电势方面加以说明。

二维码 3-1
盐桥的三种常见制备方法

实验 8　常见无机阳离子和阴离子的分离及鉴定

一、实验目的

(1)掌握常见阴、阳离子的分离、鉴定原理和方法。

(2)熟悉离子鉴定的基本操作。

二、实验原理

在水溶液中，离子的分离与鉴定是以各离子对试剂的不同反应为依据的。这种反应常伴有特殊的现象。例如，沉淀的产生、特征颜色和气体的产生等，各种离子对试剂作用的相似性和差异性就构成了离子分离和检出方法的基础，即离子本身的性质是分离和检出的基础。

对于组分较复杂试样的阳离子分离与检出，通常采用系统分析法，常用的经典系统分析法有两种：硫化氢系统分析法和两酸两碱系统分析法。在系统分析中，首先用几种组试剂将溶液中性质相似的离子逐级分离，然后在组内进行分离和检出。所谓“组试剂”是指能将几种离子同时沉淀出来而与其他离子分开的试剂。硫化氢系统分析法是以硫化物溶解度的不同为基础，用 4 种组试剂把常见的阳离子分为 5 个组的系统分析法，见表 3-21。

表 3-21 阳离子的硫化氢系统分组方法

<table>
<tr><td rowspan="4">分组根据的特性</td><td colspan="4">硫化物不溶于水</td><td colspan="2">硫化物溶于水</td></tr>
<tr><td colspan="3">在稀酸中生成硫化物沉淀</td><td rowspan="3">在稀酸中不生成硫化物沉淀</td><td rowspan="3">碳酸盐不溶于水</td><td rowspan="3">碳酸盐溶于水</td></tr>
<tr><td rowspan="2">氯化物不溶于热水</td><td colspan="2">氯化物溶于热水</td></tr>
<tr><td>硫化物不溶于硫化钠</td><td>硫化物溶于硫化钠</td></tr>
<tr><td>包括离子</td><td>Ag^{+}、Pb^{2+}、Hg_2^{2+}（Pb^{2+}浓度大时部分沉淀）</td><td>Pb^{2+}、Bi^{3+}、Cu^{2+}、Cd^{2+}</td><td>Hg^{2+}、Sn^{2+}、Sn^{4+}、Sb^{5+}、Sb^{3+}、As^{3+}、As^{5+}</td><td>Fe^{2+}、Fe^{3+}、Al^{3+}、Co^{2+}、Mn^{2+}、Cr^{3+}、Ni^{2+}、Zn^{2+}</td><td>Ca^{2+}、Sr^{2+}、Ba^{2+}</td><td>Mg^{2+}、K^{+}、Na^{+}、NH_4^{+}</td></tr>
<tr><td rowspan="2">组的名称</td><td rowspan="2">Ⅰ组
银组、盐酸组</td><td>$Ⅱ_A$ 组</td><td>$Ⅱ_B$ 组</td><td rowspan="2">Ⅲ组
铁组、硫化铵组</td><td rowspan="2">Ⅳ组
钙组、碳酸铵组</td><td rowspan="2">Ⅴ组
钠组、易溶组</td></tr>
<tr><td colspan="2">Ⅱ组
铜锡组、硫化氢组</td></tr>
<tr><td>组试剂</td><td>HCl</td><td colspan="2">$0.3\ mol \cdot L^{-1}$ HCl、H_2S</td><td>NH_3+NH_4Cl、$(NH_4)_2S$</td><td>NH_3+NH_4Cl、$(NH_4)_2CO_3$</td><td>—</td></tr>
</table>

对于水溶液中阴离子的分析，目前还没有理想的系统分析方案，一般是利用阴离子的化学性质进行初步试验，确定离子存在的可能范围，然后进行必要的分离和个别离子的检出。阴离子的初步试验可以从以下几个方面进行。

（1）试液酸碱性的检验

若试液呈强酸性，则易被酸分解的阴离子如 CO_3^{2-}、NO_2^-、$S_2O_3^{2-}$ 等不存在。

（2）与酸反应生成气体的检验

若在试液中加入稀硫酸或者稀盐酸，有气体生成，表示可能存在 CO_3^{2-}、NO_2^-、$S_2O_3^{2-}$、S^{2-} 等离子。根据生成气体的特征验证含有的阴离子。比如 NO_2^- 与酸反应生成红棕色的 NO_2 气体，能将淀粉-KI 试纸变蓝；S^{2-} 与酸反应产生具有臭鸡蛋刺激性气体 H_2S 并可使乙酸铅试纸变黑。

（3）氧化性阴离子的检验

在酸化的试液中加入 KI 溶液和 CCl_4，CCl_4 层呈现紫红色，则证明有氧化性离子存在，如 MnO_4^-、NO_2^- 等离子。

(4)还原性阴离子的检验

在酸化的试液中加入 $KMnO_4$ 溶液，若紫红色褪去，则证明有还原性离子存在，如 S^{2-}、Br^-、I^- 等。

(5)难溶盐阴离子的检验

可利用某些阴离子与某种试剂发生沉淀反应进行分组，以确定该离子存在的可能范围。目前一般根据钡盐和银盐溶解度的不同，将阴离子分为 3 组，见表 3-22。

表 3-22 难溶盐阴离子的分组检验

组别	组试剂	组内阴离子	特性
第 1 组	$BaCl_2$	SO_3^{2-}、SO_4^{2-}、$S_2O_3^{2-}$、CO_3^{2-}、PO_4^{3-}（浓溶液中析出）	钡盐难溶于水（除 $BaSO_4$ 外，其他钡盐溶于酸），银盐溶于硝酸
第 2 组	$AgNO_3$	S^{2-}、Cl^-、Br^-、I^-	钡盐溶于水，银盐难溶于水和稀硝酸（Ag_2S 溶于热 HNO_3）
第 3 组	无组试剂	NO_3^-、NO_2^-	钡盐和银盐都易溶于水

三、仪器和试剂

1. 仪器

试管、离心试管、点滴板、离心机、搅拌棒。

2. 试剂

0.1 mol·L^{-1} Na_2CO_3 饱和溶液，0.1 mol·L^{-1} KNO_3，0.1 mol·L^{-1} $NaNO_2$，6 mol·L^{-1} 氨水，2 mol·L^{-1}、6 mol·L^{-1} HCl，6 mol·L^{-1} HNO_3，0.1 mol·L^{-1} $AgNO_3$，0.1 mol·L^{-1} $Na_2S_2O_3$，2 mol·L^{-1} H_2SO_4，2 mol·L^{-1}、6 mol·L^{-1} HAc，0.1 mol·L^{-1} KI，0.1 mol·L^{-1}、1 mol·L^{-1} NaCl，$K[Sb(OH)_6]$饱和溶液，0.5 mol·L^{-1} $CaCl_2$，0.5 mol·L^{-1} $CuCl_2$，草酸铵饱和溶液，0.5 mol·L^{-1} $AlCl_3$，0.1 mol·L^{-1} $K_4[Fe(CN)]_6$，0.2 mol·L^{-1} $HgCl_2$，0.1 mol·L^{-1} KBr，0.1 mol·L^{-1} $SnCl_2$，$Ca(OH)_2$ 饱和溶液，0.1 mol·L^{-1} $AgNO_3$，0.1 mol·L^{-1} NH_4Ac，0.1 mol·L^{-1} $K_2Cr_2O_7$，0.1 mol·L^{-1} Na_2S，0.1% 铝试剂，氯水，CCl_4，$FeSO_4 \cdot 7H_2O(s)$，浓硫酸，对氨基苯磺酸，α-萘胺，Zn 粉。

四、实验内容

1. 常见阴离子的鉴定

① CO_3^{2-} 的鉴定：取 10 滴 0.1 mol·L^{-1} CO_3^{2-} 试液于试管中，向试管中加入 10 滴 6.0 mol·L^{-1} HCl 溶液，观察是否有气泡产生。立即将蘸有饱和 $Ca(OH)_2$ 溶液的玻璃棒置于试管口，观察玻璃棒上的溶液液膜是否变浑浊，若 pH 显碱性且玻璃棒上的溶液液膜变浑浊，可以判定有 CO_3^{2-}。

② NO_3^- 的鉴定：取 5 滴 0.1 mol·L^{-1} NO_3^- 试液于点滴板上，溶液的中央放一粒 $FeSO_4 \cdot 7H_2O$ 晶体，然后再加入 1 滴浓硫酸，若晶体周围处有“棕色环”出现，可以判定有 NO_3^-。

③ NO_2^- 的鉴定：取 2 滴 0.1 mol·L^{-1} NO_2^- 试液于点滴板上，加入 1 滴 2 mol·L^{-1} HAc 溶液，再加入 1 滴对氨基苯磺酸和 1 滴 α-萘胺，若溶液显红色，示有 NO_2^-。

④ $S_2O_3^{2-}$ 的鉴定：取 3 滴 0.1 mol·L^{-1} $Na_2S_2O_3$ 试液于试管中，加入 10 滴 0.1 mol·L^{-1} $AgNO_3$ 溶液，摇动后若观察到白色沉淀且迅速转变为棕黑色，示有 $S_2O_3^{2-}$。

⑤ I^- 的鉴定：取 5 滴 0.1 mol·L^{-1} KI 试液于试管中，加入 2 滴 2 mol·L^{-1} H_2SO_4 溶液和 5 滴 CCl_4，然后逐滴加入氯水，并不断振荡试管，若 CCl_4 层出现紫红色，然后 CCl_4 层褪至无色，示有 I^-。

2. 常见阳离子的鉴定

① Na^+ 的鉴定：取 10 滴 1 mol·L^{-1} NaCl 溶液于试管中，加 10 滴饱和六羟合锑(Ⅴ)酸钾 $K[Sb(OH)_6]$ 溶液，放置片刻，若有白色晶状沉淀生成，示有 Na^+。

② Ca^{2+} 的鉴定：在试管中加入 5 滴 0.5 mol·L^{-1} $CaCl_2$ 溶液，再加 5 滴饱和草酸铵溶液，有白色沉淀产生。离心分离，弃去上清液。若白色沉淀不溶于 6 mol·L^{-1} HAc 溶液而溶于 2 mol·L^{-1} HCl 溶液，示有 Ca^{2+}。

③ Al^{3+} 的鉴定：取 2 滴 0.5 mol·L^{-1} $AlCl_3$ 溶液于试管中，加 2～3 滴水、2 滴 2 mol·L^{-1} HAc溶液和 2 滴 0.1%铝试剂，摇荡后，置于水浴上加热片刻，再加入 1～2 滴 6 mol·L^{-1} 氨水，如有沉淀为红色，示有 Al^{3+}。

④ Cu^{2+} 的鉴定：取 1 滴 0.5 mol·L^{-1} $CuCl_2$ 溶液于点滴板上，加入 1 滴 6 mol·L^{-1} HAc 酸化，再加入 2 滴 0.1 mol·L^{-1} $K_4[Fe(CN)_6]$ 溶液，若生成红棕色沉淀，示有 Cu^{2+}。

⑤ Hg^{2+} 的鉴定：取 2 滴 0.2 mol·L^{-1} $HgCl_2$ 溶液于试管中，逐滴加入0.1 mol·L^{-1} $SnCl_2$ 溶液，若生成白色沉淀，并逐渐转变为灰色或黑色，示有 Hg^{2+}。

3. 混合阴离子的分离与鉴定

按照下列分析方案对含有 Cl^-、Br^-、I^- 的混合溶液进行分离和鉴定。

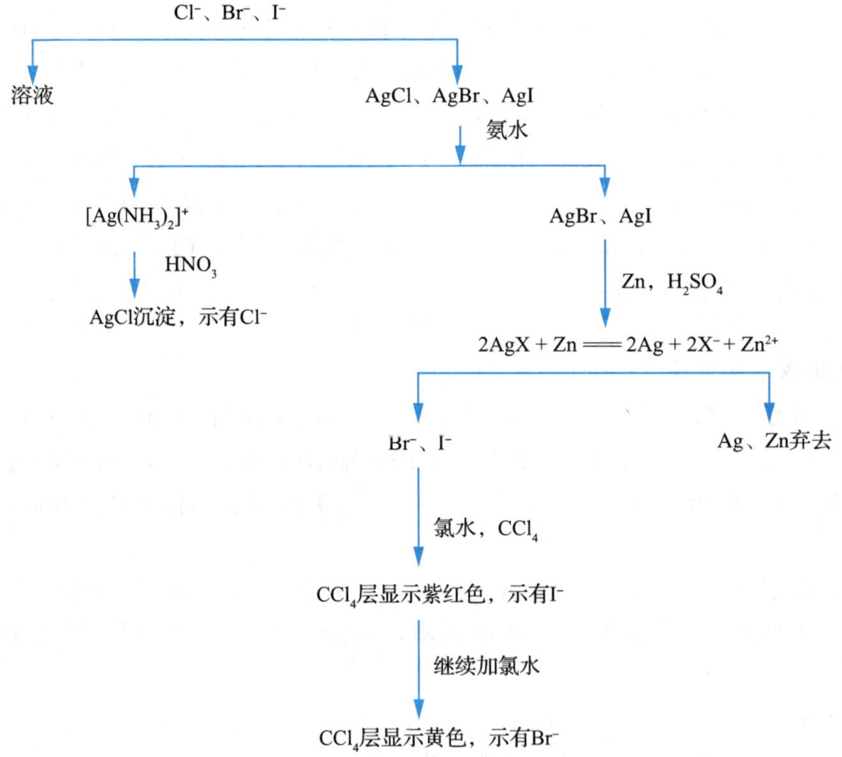

4. 混合阳离子的分离与鉴定

取 Ag^+ 试液 2 滴和 Cd^{2+}、Al^{3+}、Ba^{2+}、Na^+ 试液各 5 滴，加入离心管中，混合均匀后，按照下列方案进行分离和鉴定(混合离子由相应的硝酸盐溶液配制)。

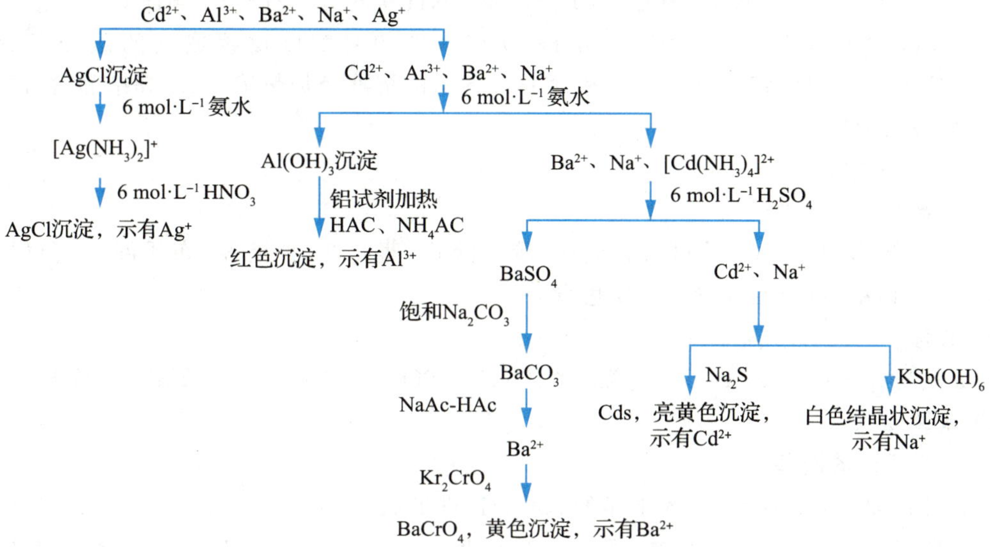

五、思考题

(1)用 $K_4[Fe(CN)_6]$ 检出 Cu^{2+} 时，为什么用 HAc 酸化？

(2)用氯水检验 Br^- 和 I^- 时，先检出 I^-，后检出 Br^-，若 I^- 含量大则会影响 Br^- 的检出，应该采取什么方法先将 I^- 除去后再检出 Br^-？

3.2　综合实验部分

实验 9　硫酸亚铁铵的制备和纯度检验

一、实验目的

(1)掌握制备复盐硫酸亚铁铵的方法，了解复盐的特性。

(2)熟练掌握水浴加热、溶解、过滤、蒸发、结晶等基本操作。

(3)了解目视比色法检验产品纯度的原理和方法。

(4)了解硫酸亚铁铵在化学领域中的应用。

二、实验原理

复盐是由两种或两种以上简单盐组成的具有特定性质的化合物。除锂外，碱金属盐尤其是硫酸盐和卤化物都具有形成复盐的能力。复盐的类型通常有由卤化物形成的光卤石类和由硫酸盐形成的莫尔盐和明矾类。

硫酸亚铁铵又称为莫尔盐或摩尔盐，是一种浅蓝绿色的单斜晶体，在空气中比一般亚铁盐稳定，因此在定量分析中常用来配制亚铁离子的标准溶液。本实验通过以下方法制备硫酸亚铁铵。

第一步，铁粉与硫酸反应生成硫酸亚铁溶液：

$$Fe + H_2SO_4 \longrightarrow FeSO_4 + H_2\uparrow$$

第二步，硫酸亚铁溶液与硫酸铵反应生成硫酸亚铁铵复盐晶体：

$$FeSO_4 + (NH_4)_2SO_4 + 6H_2O \longrightarrow (NH_4)_2SO_4 \cdot FeSO_4 \cdot 6H_2O$$

20 ℃时，$(NH_4)_2SO_4 \cdot FeSO_4 \cdot 6H_2O$ 在水中的溶解度比组成它的组分 $FeSO_4$ 或 $(NH_4)_2SO_4$ 都小。因此将含有 $FeSO_4$ 和 $(NH_4)_2SO_4$ 的溶液经加热浓缩、冷却结晶后可得到硫酸亚铁铵复盐晶体。

三、仪器和试剂

1. 仪器

250 mL 锥形瓶、50 mL 烧杯、玻璃棒、胶头滴管、蒸发皿、抽滤瓶、布氏漏斗、台秤、水浴锅、滤纸、pH 试纸、石棉网、酒精灯、比色管等。

2. 试剂

还原铁粉、3 $mol \cdot L^{-1}$ H_2SO_4、蒸馏水、$(NH_4)_2SO_4(s)$、3 $mol \cdot L^{-1}$ HCl、25% KSCN。

四、实验步骤

1. 硫酸亚铁的制备

用台秤称取 2.0 g 铁粉，加入干净的 250 mL 锥形瓶中，加入 20 mL 3 $mol \cdot L^{-1}$ H_2SO_4。将锥形瓶置于通风橱中，水浴加热，维持反应温度在 70～80 ℃，其间少量补充蒸发掉的水分，至反应基本完全(产生的气泡很少)。趁热减压过滤，将滤液转移至蒸发皿中。

2. 硫酸亚铁铵的制备

用台秤称取 4.0 g $(NH_4)_2SO_4$，加入 50 mL 烧杯中，加入 7 mL 水，搅拌溶解。将此溶液加入上一步制得的 $FeSO_4$ 溶液中，并保持溶液 pH 在 1～2。将蒸发皿放在石棉网上小火缓慢加热，至表面有晶膜出现后，停止加热。缓慢冷却至室温，观察晶体的析出。抽滤，称重，记录晶体的外观，并计算产率。

3. 产品纯度的检验

称取 1 g 合成的硫酸亚铁铵晶体，加入 25 mL 的比色管中，加入 15 mL 不含氧的蒸馏水(蒸馏水煮沸后冷至室温)溶解，再加入 2 mL 3 $mol \cdot L^{-1}$ HCl 和 1 mL 25%KSCN，定容至刻度线，摇匀。使用目视法与标准溶液比色，确定产品等级。

二维码 3-2
三价铁标准溶液的配制

五、思考题

(1)铁粉与 H_2SO_4 反应制备 $FeSO_4$ 时需要注意什么？

(2)是否还有其他方法可以将铁粉转化为 $FeSO_4$？

(3)怎样得到较大的晶体？

(4)目视比色法中，为什么要用不含氧的蒸馏水溶解硫酸亚铁铵？

实验 10　碳酸钠的制备及组成分析

一、实验目的

(1)了解侯氏制碱法在我国的发展及工业化制碱的过程。

(2)理解侯氏制碱法的反应原理。

(3)了解马弗炉的使用方法。

(4)掌握混合碱定性及定量测定原理。

(5)掌握指示剂甲基橙和酚酞的变色规律。

二、实验原理

1. 碳酸钠的制备

侯氏制碱法又称联合制碱法，是我国化学家侯德榜先生在 1943 年研制的一种纯碱(Na_2CO_3)生产方法。该方法的基本过程是：首先，在饱和食盐水中通入氨气，形成饱和氨盐水，再向其中通入 CO_2。此时，NH_4^+、Na^+、Cl^- 和 HCO_3^- 共存。$NaHCO_3$ 的溶解度在这些离子组成的化合物中是最小的，因此它会优先以沉淀形式析出。最后，将析出的 $NaHCO_3$ 加热分解，得到 Na_2CO_3、CO_2 和 H_2O。反应方程式为。

$$NaCl + NH_3 + CO_2 \xlongequal{} NH_4Cl + NaHCO_3\downarrow$$

$$2NaHCO_3 \xlongequal{} Na_2CO_3 + CO_2\uparrow + H_2O$$

为了简化这一流程，本实验使用 NH_4HCO_3 溶液模拟通入的 NH_3 和 CO_2，与饱和 NaCl 溶液进行反应。该体系中，仍然保持了 NH_4^+、Na^+、Cl^- 和 HCO_3^- 共存，与侯氏制碱法的原理一致。反应方程式为：

$$NaCl + NH_4HCO_3 \xlongequal{} NH_4Cl + NaHCO_3\downarrow$$

$$2NaHCO_3 \xlongequal{} Na_2CO_3 + CO_2\uparrow + H_2O$$

由于 NH_4HCO_3 在 35 ℃以上会分解，第一步的反应温度不宜超过 35 ℃。另外，为了保证 NH_4HCO_3 相对较大的溶解度，也应维持反应温度在 30 ℃以上。

2. 碳酸钠的组成分析

若第二步中 $NaHCO_3$ 分解不完全，则会在制得的 Na_2CO_3 中产生残留，最终得到的是 Na_2CO_3 和 $NaHCO_3$ 的混合物。二者的比例测定可以采用双指示剂法，使用 HCl 标准溶液进行连续滴定。原理如下：

首先使用酚酞作为指示剂，此时样品中的 Na_2CO_3 会和 HCl 反应，到达终点时，溶液由红色刚好变为无色，记录此时 HCl 消耗的体积为 V_1。发生的反应为：

$$Na_2CO_3 + HCl \xlongequal{} NaHCO_3 + NaCl$$

在同一锥形瓶中接着加入甲基橙作为指示剂，此时锥形瓶中新生成的 $NaHCO_3$ 以及样品中原有的 $NaHCO_3$ 会继续和 HCl 反应，到达终点时，溶液由黄色刚好变为橙色，记录 HCl 消耗的体积为 V_2。发生的反应为：

$$NaHCO_3 + HCl \xlongequal{} NaCl + CO_2\uparrow + H_2O$$

使用以下公式计算：

$$\omega(Na_2CO_3) = \frac{c(HCl) \times V_1 \times M(Na_2CO_3)}{m_s}$$

$$\omega(NaHCO_3) = \frac{c(HCl) \times (V_2 - V_1) \times M(Na_2CO_3)}{m_s}$$

三、仪器和试剂

1. 仪器

台秤、50 mL 和 250 mL 烧杯、250 mL 锥形瓶、量筒、玻璃棒、水浴锅、蒸发皿、石棉网、酒精灯、坩埚、马弗炉、分析天平、酸式滴定管、100 mL 容量瓶、20 mL 移液管。

2. 试剂

NaCl(s)、NH_4HCO_3(s)、0.1 mol·L^{-1}盐酸标准溶液、0.2%酚酞溶液、0.1%甲基橙溶液。

四、实验步骤

1. 饱和食盐水的制备

用台秤称取12 g NaCl于50 mL烧杯中，加入30 mL水，用玻璃棒搅拌直到固体不再溶解，此时NaCl溶液达到饱和状态。用倾析法进行固液分离，上清液即为饱和食盐水。

2. 碳酸氢钠的制备

在小烧杯中称取30 g饱和食盐水，并将其放在水浴上加热，保持温度在30～35 ℃。一边搅拌，一边分4次加入10 g NH_4HCO_3固体，持续搅拌半小时，使反应充分进行。抽滤，并用少量水洗涤得到的$NaHCO_3$固体以除去吸附的铵盐，抽干后称重。

用台秤分别称取1.0 g NH_4HCO_3和1.0 g制备好的$NaHCO_3$，加入两个烧杯中，观察二者在外观上的区别。分别加入20 mL水溶解后，各加入5滴酚酞，观察颜色变化，证明$NaHCO_3$的生成。

3. 碳酸钠的制备

将抽干的$NaHCO_3$固体转移至蒸发皿中，置于石棉网上加热，并不断用玻璃棒搅拌，直到水分完全蒸干。将得到的固体转移至坩埚，在马弗炉中300 ℃煅烧1 h，放入干燥器中冷却至室温，称重，计算产率。

4. 碳酸钠的组成分析

用分析天平准确称量0.9～1.0 g煅烧后的固体，记下准确质量(记为m_s)，置于250 mL烧杯中，加水溶解后，转移至100 mL容量瓶中，定容。

用移液管移取20.00 mL上述溶液于250 mL锥形瓶中，加入5滴酚酞，此时溶液为红色。使用HCl溶液滴定至刚好无色[实际应为微红色，可与第二步(碳酸氢钠制备步骤)中加入酚酞后的颜色比对]，记录HCl消耗的体积为V_1。在锥形瓶中滴加2滴甲基橙，此时溶液为黄色。继续使用HCl溶液滴定至橙色，记录HCl消耗的体积为V_2。重复测定一次，计算Na_2CO_3和$NaHCO_3$的占比。

五、思考题

(1)Na_2CO_3的产率应该根据NaCl还是NH_4HCO_3来计算？为什么？

(2)在制备$NaHCO_3$这一步中，可以从哪些方面判断生成了$NaHCO_3$？

(3)在Na_2CO_3的组成分析中，为什么酚酞指示剂由红色恰好变为无色时锥形瓶中的产物为$NaHCO_3$？

(4)是否还有其他方法可以确定所得碳酸钠的组成？

实验11 三草酸合铁(Ⅲ)酸钾的合成及$C_2O_4^{2-}$含量的测定

一、实验目的

(1)通过学习三草酸合铁(Ⅲ)酸钾的合成方法，掌握无机制备的一般方法。

(2)掌握确定化合物组成的基本原理和方法。

(3)巩固无机合成、滴定分析和重量分析的基本操作。

二、实验原理

1. 三草酸合铁(Ⅲ)酸钾的制备

首先，由硫酸亚铁铵与草酸反应制备草酸亚铁：

$$(NH_4)_2Fe(SO_4)_2 + 2H_2O + H_2C_2O_4 = FeC_2O_4 \cdot 2H_2O\downarrow + (NH_4)_2SO_4 + H_2SO_4$$

然后，在过量草酸根存在下，用过氧化氢氧化草酸亚铁即可得到三草酸合铁(Ⅲ)酸钾，同时有氢氧化铁生成：

$$6FeC_2O_4 \cdot 2H_2O + 3H_2O_2 + 6K_2C_2O_4 = 4K_3[Fe(C_2O_4)_3] + 2Fe(OH)_3\downarrow + 12H_2O$$

加入适量草酸可使 $Fe(OH)_3$ 转化为三草酸合铁(Ⅲ)酸钾配合物：

$$2Fe(OH)_3 + 3H_2C_2O_4 + 3K_2C_2O_4 = 2K_3[Fe(C_2O_4)_3] + 6H_2O$$

2. 三草酸合铁(Ⅲ)酸钾的测定

用高锰酸钾标准溶液在酸性介质中滴定测得草酸根的含量。Fe^{3+} 含量可通过先用过量锌粉将 Fe^{3+} 还原为 Fe^{2+}，然后再用高锰酸钾标准溶液滴定而测得，其反应式为

$$2MnO_4^- + 5C_2O_4^{2-} + 16H^+ = 2Mn^{2+} + 10CO_2\uparrow + 8H_2O$$

$$5Fe^{2+} + MnO_4^- + 8H^+ = 5Fe^{3+} + Mn^{2+} + 4H_2O$$

三、仪器和试剂

1. 仪器

托盘天平、恒温水浴、酸式滴定管、分析天平、常用玻璃仪器、滤纸、电炉。

2. 试剂

硫酸亚铁铵晶体、3 mol·L^{-1} H_2SO_4 溶液、饱和 $H_2C_2O_4$ 溶液、饱和 $K_2C_2O_4$ 溶液、6% H_2O_2 溶液、1 mol·L^{-1} 硫酸溶液、去离子水、$KMnO_4$ 溶液、草酸钠、95%乙醇、锌粉。

四、实验步骤

1. 草酸亚铁的制备

称取 5 g 硫酸亚铁铵放入 100 mL 烧杯中，加入 15 mL 蒸馏水、2～4 滴 3 mol·L^{-1} H_2SO_4，加热溶解后在不断搅拌下加入 25 mL 饱和 $H_2C_2O_4$ 溶液，加热至沸腾，静置，弃上清液，用水洗涤沉淀 3 次。

2. 三草酸合铁(Ⅲ)酸钾的制备

往草酸亚铁沉淀中加入 15 mL 饱和 $K_2C_2O_4$ 溶液，水浴加热至 40 ℃，恒温搅拌下逐滴加入 10 mL 6% H_2O_2 溶液，溶液变成深棕色；加热煮沸 1～2 min，以除去过量 H_2O_2，冷却至 40 ℃；一次性加入 5 mL 饱和 $H_2C_2O_4$ 溶液，然后逐滴加入饱和 $H_2C_2O_4$ 溶液至溶液变成亮绿色，冷却后，加入 15 mL 95%乙醇，在暗处放置、结晶。减压过滤，抽干后用少量乙醇洗涤产物，继续抽干，称量，计算产率。

3. $KMnO_4$ 溶液的标定

准确称取 3 份草酸钠(0.13～0.20 g)，加 10 mL 水溶解，然后加 30 mL 3 mol·L^{-1} H_2SO_4 溶液，加热至 75～85 ℃，立即用待标定 $KMnO_4$ 溶液滴定。

4. 草酸根含量的测定

准确称取 3 份 0.22～0.27 g 的三草酸合铁(Ⅲ)酸钾晶体于锥形瓶中，加入 30 mL 去离子水和 10 mL 3 mol·L^{-1} H_2SO_4，加热至 80 ℃，趁热用 $KMnO_4$ 溶液滴定至浅粉红色，30 s 内不褪色即为终点。计算草酸根的含量，滴定完的试液保留待用。

五、思考题

(1)制备三草酸合铁(Ⅲ)酸钾 $K_3[Fe(C_2O_4)_3 \cdot 3H_2O]$的过程中,滴完 H_2O_2后为什么还要煮沸溶液?

(2)制备产物的最后一步,加入 95%乙醇的作用是什么?能否用蒸干溶液的方法获得产物,为什么?

(3)三草酸合铁(Ⅲ)酸钾 $K_3[Fe(C_2O_4)_3 \cdot 3H_2O]$可用加热脱水的方法测定其结晶水含量,含结晶水的物质能否都可用这种方法进行测定?为什么?

六、注意事项

(1)制备 $FeC_2O_4 \cdot 2H_2O$ 时,为了防止 Fe(Ⅱ)水解和氧化,硫酸亚铁铵溶解时应加少量的 H_2SO_4,增大氢离子浓度,防止 Fe(Ⅱ)的水解和氧化。

(2)氧化 $FeC_2O_4 \cdot 2H_2O$ 时,煮沸除去过量的 H_2O_2 时间不宜过长,否则使生成的 $Fe(OH)_3$沉淀颗粒变大,不利于配位反应的进行。

(3)制备三草酸合铁酸钾时,$H_2C_2O_4$应逐滴加入,应控制 pH 在 3.0~3.5。

(4)高锰酸钾滴定 Fe^{2+} 或 $C_2O_4^{2-}$ 时,滴定速度不能太快,否则部分高锰酸钾会转变成二氧化锰沉淀;温度不能高于 85 ℃,否则草酸分解。

实验 12　果蔬中维生素 C 含量的测定

一、实验目的

(1)了解分光光度法测定维生素 C 含量的原理。

(2)掌握从天然植物中提取物质的一般方法。

(3)熟悉 722 型分光光度计的使用。

二、实验原理

维生素 C 也被称为抗坏血酸,是一种对人体健康至关重要的水溶性维生素。它在人体内参与多种生化反应,具有抗氧化、促进铁吸收、增强免疫力等多种生理功能。人体自身无法合成维生素 C,因此必须通过食物摄取来满足需求。水果和蔬菜是维生素 C 的主要来源,了解不同水果和蔬菜中维生素 C 的含量,对于指导人们合理膳食、预防维生素 C 缺乏症具有重要意义。本实验以水果或蔬菜为原料,采用分光光度法测定维生素 C 的含量,从而可以确定水果或蔬菜中维生素 C 含量的高低,为人们选择富含维生素 C 的水果或蔬菜提供一定的理论参考。

维生素 C 在碱性条件下容易被氧化成脱氢抗坏血酸,进而形成二酮古洛糖酸。这两种物质都能与 2,4-二硝基苯肼反应生成红色的 2,4-二硝基苯脎,脎在硫酸溶液中于 500 nm 波长处有最大吸收。因此,可以通过测定样品溶液在 500 nm 波长下的吸光度来间接反映其维生素 C 的含量。

实验中,需要准备一系列已知浓度的维生素 C 标准溶液,并按照相同的处理步骤测定它们的吸光度。然后,以维生素 C 浓度为横坐标,吸光度为纵坐标,绘制标准曲线(也称为工作曲线)。在测定样品溶液的吸光度后,可以将其代入标准曲线中,通过插值法求出样品溶液中维生素 C 的浓度。最后,根据样品的取样量、稀释倍数等因素计算出原样品中维生素 C 的含量。

三、仪器、试剂和材料

1. 仪器

722 型分光光度计、电子天平、研钵、容量瓶(50 mL 和 100 mL)、锥形瓶(250 mL)、比色皿(15 mL 或 20 mL)、移液管(1 mL、2 mL、5 mL、10 mL 和 25 mL)、漏斗、漏斗架、酒精灯。

2. 试剂和材料

新鲜的水果和蔬菜若干，1%草酸，25%、85%硫酸，2% 2,4-二硝基苯肼，10%硫脲(50 g 硫脲溶于 500 mL 1% 草酸中)，活性炭(实验室提供，取 100 g 加 750 mL 1 mol·L^{-1} HCl，加热 1 h，减压抽滤，用去离子水洗涤至滤液无 Cl^- 为止，置于 110 ℃烘箱中烘干)，1 mg·L^{-1} 维生素 C 标准溶液(100 mg 纯维生素 C 溶于 100 mL 1%草酸中)。

四、实验步骤

1. 维生素 C 的提取

准确称取 2.0 g 新鲜去皮水果或新鲜蔬菜于研钵中，捣烂，加少量 1%草酸，研磨 10 min，将提取液倾入 50 mL 容量瓶中，重复提取 3 次，再用 1%的草酸稀释至刻度，摇匀备用。用移液管吸取 20 mL 上述提取液于干净的锥形瓶中，加入一匙活性炭，充分振摇 2 min 后过滤，滤液即为样品液。

2. 0.01 mg·mL^{-1} 维生素 C 标准溶液的配制

用移液管准确移取 1.00 mL 1 mg·mL^{-1} 维生素 C 标准溶液于 100 mL 容量瓶中，用 1% 草酸稀释至刻度，摇匀。取 30 mL 该溶液于 250 mL 干净锥形瓶中，加入一匙半活性炭，充分振摇 2 min 后过滤，即得 0.01 mg·mL^{-1} 维生素 C 标准溶液。

3. 吸光度的测定

取 7 支比色皿并写好编号。在 1# 比色皿中加入 5.0 mL 样品滤液及 2 滴 10%硫脲，以此溶液为空白溶液。在 2# 比色皿中加入 5.0 mL 样品液，在 3# ～ 7# 比色皿中分别加入 1.0 mL、3.0 mL、5.0 mL、7.0 mL、9.0 mL 0.01 mg·mL^{-1} 维生素 C 标准溶液，再分别加入 2 滴 10%硫脲和 2.0 mL 2% 2,4-二硝基苯肼，混匀，置于沸水中加热约 10 min。冷却，再在 1# 比色皿中加入 2.0 mL 2% 2,4-二硝基苯肼。将这 7 支比色皿均稀释至 10 mL，然后置于冷水中，分别缓慢滴加 3.0 mL 85% H_2SO_4 溶液，并不断振摇，滴加完毕后静置 10 min。在 722 型分光光度计上，以 3 cm 比色皿盛装溶液，λ=500 nm，以 1# 比色皿中溶液为参比溶液，分别测定 2# ～7# 比色皿中溶液的吸光度。

五、实验数据记录及处理

将吸光度的测定值填入表 3-23。

表 3-23　吸光度测定结果记录表

比色皿编号	2 #	3 #	4 #	5 #	6 #	7 #
维生素 C/[mg·(10 mL)$^{-1}$]						
A(吸光度)						

以 3# ～7# 比色皿中溶液的吸光度对维生素 C 的浓度作图，绘制工作曲线。再根据 2# 比色皿中溶液的吸光度，通过插值法从工作曲线查出相应浓度，可求出样品中维生素 C 的含量，计算公式如下：

$$维生素 C 含量=\frac{c_{维生素C}\times\frac{50}{5.0}\times10^{-3}}{m_{样}}\times100\%$$

上式中，$c_{维生素C}$是根据工作曲线查出的样品溶液中维生素 C 的浓度[mg·(10 mL)$^{-1}$]，$m_{样}$是样品的总质量(g)。

六、思考题

(1)为什么要加活性炭？

(2)为什么 1# 比色皿中溶液在加热、冷却之后才能加 2,4-二硝基苯肼，而其余比色皿则在加热前加入 2,4-二硝基苯肼？

3.3 设计实验部分

实验 13 插层水滑石的合成及在污水处理中的应用

一、实验目的

(1)了解插层水滑石的结构及制备方法。

(2)掌握原子吸收法测定不同元素的方法。

(3)掌握评价制备材料去除重金属离子的指标。

(4)了解原子吸收分光光度计的原理、构造及使用方法。

二、实验提示

插层水滑石是一种层状双氢氧化物，其插层结构中含有可交换的阴离子，部分有机阴离子可以通过离子交换或插层方法引入到层间，从而改变材料的物理性质和化学性质。插层水滑石因其独特的层状结构和优良的吸附性能，被广泛应用于污水处理、催化剂载体、药物控制释放等领域。

共沉淀法是合成插层水滑石的常用方法，用两种或两种以上的混合金属盐和碱液同时滴加到反应容器中，通过控制搅拌、滴加速度等方式可以得到较为均匀的水滑石材料。将有机阴离子插入水滑石结构后，溶液中的重金属阳离子可以与水滑石形成更稳定的配合物，从而实现去除的目的。同时，这种易于调控的特性极大地扩展了水滑石材料的应用范围。

原子吸收分光光度法是根据物质产生的原子蒸气对特征谱线的吸收作用来进行定量分析的。当光源发射的某一特征波长的光通过原子蒸气时，原子中的外层电子将选择性地吸收该元素所能发射的特征波长的谱线。这时，透过原子蒸气的入射光将减弱，其减弱的程度与蒸气中该元素的浓度成正比。根据这一关系可以用工作曲线法或标准加入法来测定溶液中某元素的含量。

原子吸收分光光度计一般由锐线光源、原子化器、单色器、检测器和数据处理系统组成。原子化器主要有两大类，即火焰原子化器和电热原子化器。火焰有多种火焰，目前普遍应用的是空气-乙炔火焰。电热原子化器普遍应用的是石墨炉原子化器。因而原子吸收分光光度计可分为火焰原子吸收分光光度计和带石墨炉的原子吸收分光光度计。

本设计实验推荐以常用的配位剂乙二胺四乙酸(EDTA)作为插层材料，制备镁铝水滑石，探讨其在去除污水中重金属离子(如 Cu^{2+}、Cd^{2+})方面的应用。可以通过控制反应条件(如 pH、温度等)，优化插层水滑石的制备过程，从而提高其吸附性能。

三、实验步骤

自行设计实验方案，制备插层水滑石，探究其去除污水中 Cu^{2+}、Cd^{2+} 重金属离子的效果。要求：

(1)根据实验提示查询相关的参考文献。

(2)设计合理的实验方案，以 EDTA 为插层材料，采用共沉淀法合成插层水滑石。

(3)采用原子吸收分光光度计评价插层水滑石去除污水中 Cu^{2+}、Cd^{2+} 重金属离子的效果，进行相关的数据处理，完成实验报告。

四、结果与讨论

(1)通过吸附等温线模型对实验数据进行拟合，评价制备材料对 Cu^{2+}、Cd^{2+} 的吸附性能。

(2)查阅文献，对比不同吸附材料对 Cu^{2+}、Cd^{2+} 重金属离子吸附性能的差异性，以及不同材料的优缺点。

五、实验案例

1. 试剂与仪器

$MgCl_2 \cdot 6H_2O$、$AlCl_3 \cdot 6H_2O$、NaOH、EDTA、重金属离子溶液(Cu^{2+}、Cd^{2+})、去离子水。

恒温水浴锅、pH 计、三口烧瓶、恒压滴液漏斗、电磁搅拌器、过滤装置、原子吸收分光光度计。

2. 实验步骤

2.1　配制镁铝水滑石的前驱体溶液

按照 Mg 与 Al 的物质的量比为 3∶1，称取相应量的 $MgCl_2 \cdot 6H_2O$ 和 $AlCl_3 \cdot 6H_2O$，溶解于 100 mL 去离子水中，得到均匀的 Mg-Al 混合盐溶液。

2.2　配制插层碱溶液

称取等摩尔量的 NaOH 和 EDTA，溶解于 100 mL 去离子水中，得到均匀的碱溶液。

2.3　共沉淀反应制备插层水滑石

在氮气保护下，将 2.1 中 Mg-Al 混合盐溶液和 2.2 中碱溶液分别置于恒压漏斗中，以相同速度滴加至反应烧瓶中，反应温度控制在 30 ℃，同时用电磁搅拌器轻微搅拌，保持反应体系的 pH 在 10 左右。

2.4　结晶与过滤

滴加完毕后，将反应烧瓶置于 60 ℃恒温水浴中陈化 24 h。将所得浆液抽滤，用去离子水洗涤滤饼至中性，80 ℃下干燥 24 h，得到白色粉末状插层镁铝水滑石。

2.5　重金属离子吸附实验

配制重金属离子溶液：配制一定浓度的 Cu^{2+}、Cd^{2+} 溶液，调节 pH 至所需范围。

吸附实验：取一定量的插层水滑石加入重金属离子溶液中，控制反应时间和温度，定时取样。过滤样品，采用原子吸收分光光度计测定溶液中剩余重金属离子浓度。

2.6　数据分析

采用 Langmuir 和 Freundlich 吸附等温线模型对实验数据进行拟合，计算材料的吸附常数及最大吸附量。

六、思考题

(1)插层水滑石的基本结构和其独特的性质如何影响其在污水处理中的应用？

(2)插层水滑石的层间距可以通过引入不同的阴离子来调节，这对其吸附性能有何影响？

(3)除了共沉淀法，还有哪些方法可以用于制备插层水滑石？这些方法与共沉淀法相比有何优缺点？

(4)插层水滑石去除重金属离子的主要吸附机理是什么？在吸附实验中，如何选择和调整插层水滑石的用量以及重金属离子溶液的初始浓度以获得最佳的吸附效果？

实验 14　环保量子点(ZnSe)的制备及荧光性质测定

一、实验目的

(1)了解半导体纳米材料的常用制备方法。

(2)掌握化学共沉淀法制备 ZnSe 量子点的操作方法。

(3)学习 ZnSe 量子点具有荧光特性的原理及荧光猝灭方法。

(4)了解荧光光谱仪的原理、构造及使用方法。

二、实验提示

量子点是一种半导体纳米晶体，其尺寸通常在 1～10 nm。由于其尺寸接近或小于激子玻尔半径，量子点表现出显著的量子限域效应，即电子和空穴被限制在三维空间中运动。这种限域效应使得量子点的光学和电子性质显著不同于其对应的宏观材料。传统的量子点通常含有 Cd，这可能会给环境和人体健康带来危害，因此，环保的金属量子点成了研究热点。目前，锌类量子点能克服毒性大的缺点，其中 ZnSe 是宽带隙蓝光材料，并且可作掺杂主体。通过在 ZnSe 量子点中掺杂金属离子以及在量子点微球表面外延生长一层无机、有机壳层可以增强荧光性能。

化学共沉淀法是一种简单而有效的制备纳米材料的方法。该方法通过将前驱体溶液混合，在一定条件下反应生成目标纳米材料。在本实验中，通过控制 Zn^{2+}、Se^{2-} 和 Co^{2+} 的浓度以及反应条件(如温度、pH 等)，可以精确控制 ZnSe 量子点的尺寸和掺杂程度。反应过程中，Zn^{2+} 与 Se^{2-} 反应生成 ZnSe 纳米晶体，而 Co^{2+} 则嵌入 ZnSe 晶格中形成掺杂量子点。

量子点的带隙可以通过调节其尺寸来控制，较小的量子点具有较大的带隙，因此能吸收和发射更高能量的光。在量子点中掺杂过渡金属离子(如 Co^{2+})可以显著改变其光学和电子性质。Co^{2+} 具有独特的 d 轨道电子结构，这些电子在电磁辐射下可以跃迁，从而影响量子点的光学性质。掺杂的 Co^{2+} 可以引入新的能级，这些能级能够调节电子和空穴的复合过程，从而改变量子点的荧光性质。通过在量子点表面修饰 *L*-半胱氨酸，可以提高其水溶性和生物相容性。*L*-半胱氨酸分子中含有巯基(—SH)和氨基($—NH_2$)，可以与量子点表面的金属离子(如 Zn^{2+} 和 Co^{2+})形成稳定的配位键。通过这种表面修饰，量子点能够在水溶液中稳定存在，不会发生团聚。

与此同时，外界引入的金属离子可能破坏这种稳定性，使得量子点荧光性能发生变化，例如 Cu^{2+} 会强烈地结合巯基，使得半胱氨酸稳定量子点的能力减弱，破坏荧光性能。利用这一原理，合成的量子点也可以作为传感器，用以检测 Cu^{2+}。

三、实验步骤

自行设计实验方案，制备 *L*-半胱氨酸修饰的 ZnSe 量子点，探究其荧光特性和 Cu^{2+} 对荧光的猝灭效果。要求：

(1)根据实验提示查询相关的参考文献。

(2)设计合理的实验方案,制备 *L*-半胱氨酸修饰的 ZnSe 量子点。

(3)采用荧光光谱仪测试 *L*-半胱氨酸修饰的 ZnSe 量子点的荧光特性,并考查 Cu^{2+} 对其荧光的淬灭性能,进行相关的数据处理,完成实验报告。

四、结果与讨论

(1)讨论 *L*-半胱氨酸修饰的 ZnSe 量子点的荧光特征。

(2)查阅文献,对比不同分子修饰的 ZnSe 量子点的优缺点。

五、实验案例

1. 试剂与仪器

$ZnCl_2$、NaHSe、$CoCl_2$、*L*-半胱氨酸、NaOH、$CuCl_2$、去离子水。

圆底烧瓶、电磁搅拌器、恒温水浴、荧光光谱仪。

2. 实验步骤

2.1　实验溶液的配制

① 用去离子水配制 0.1 mol・L^{-1} $ZnCl_2$、0.1 mol・L^{-1} $CoCl_2$、0.1 mol・L^{-1} NaHSe 和 0.2 mol・L^{-1} *L*-半胱氨酸水溶液。

② 用去离子水配制 0.1 mol・L^{-1} NaOH 溶液,用于调节反应体系的 pH。

③ 用去离子水配制 1 mg・L^{-1}、5 mg・L^{-1}、10 mg・L^{-1}、20 mg・L^{-1}、30 mg・L^{-1}、40 mg・L^{-1}、50 mg・L^{-1}的 $CuCl_2$ 溶液,用于评价 Cu^{2+} 对 *L*-半胱氨酸修饰的 ZnSe 量子点的荧光淬灭效果。

2.2　化学共沉淀法制备 *L*-半胱氨酸修饰的 ZnSe 量子点

在 100 mL 三口烧瓶中加入 50 mL 去离子水,依次加入 1 mL 0.1 mol・L^{-1} $ZnCl_2$ 溶液、0.2 mL 0.1 mol・L^{-1} $CoCl_2$ 溶液和 2 mL 0.2 mol・L^{-1} *L*-半胱氨酸溶液,用 0.1 mol・L^{-1} NaOH 溶液调节溶液 pH 至 10。开始加热,升温至 95 ℃,在搅拌下,缓慢滴加 1 mL 0.1 mol・L^{-1} NaHSe 溶液。反应温度控制在 105 ℃,回流反应 1.5 h,得到 *L*-半胱氨酸修饰的 ZnSe 量子点。

2.3　量子点的纯化

反应结束后,将溶液自然冷却至室温。用离心机将量子点沉淀分离,用无水乙醇洗涤 3 次以去除未反应的前体和副产物。将洗涤后的量子点重新分散于去离子水中,得到水溶性 ZnSe 量子点溶液。

2.4　荧光性能研究

① 使用荧光光谱仪测试材料的最大激发发射波长。

② 将量子点与不同浓度的 Cu^{2+} 溶液混合,观察荧光强度的变化,评价 Cu^{2+} 对 *L*-半胱氨酸修饰的 ZnSe 量子点的淬灭效果。

六、思考题

① 利用配位化学理论解释在量子点表面修饰 *L*-半胱氨酸的过程中,巯基(—SH)和氨基(—NH_2)如何与量子点表面的金属离子相互作用,从而提高量子点的水溶性和稳定性。

② 查阅文献,哪些因素会影响 *L*-半胱氨酸修饰的 ZnSe 量子点的合成及荧光特性?采用哪些技术手段可以进行 ZnSe 量子点的材料表征?

主要参考文献

[1] 赵新华.无机化学实验.4版.北京:高等教育出版社,2014.

[2] 柯以侃,王桂花.大学化学实验.2版.北京:化学工业出版社,2010.

[3] 陈媛梅.普通化学实验.2版.北京:高等教育出版社,2015.

[4] 周旭光,许金霞,于洺.无机化学实验与学习指导.北京:清华大学出版社,2013.

[5] 闽南师范大学无机及材料化学教研室.无机化学实验.4版.厦门:厦门大学出版社,2017.

[6] 张琳萍,侯煜,刘燕.无机化学实验.2版.上海:东华大学出版社,2022.

[7] 石建新,巢晖.无机化学实验.4版.北京:高等教育出版社,2019.

[8] 周祖新.无机化学实验.上海:上海交通大学出版社,2009.

附　录

附表 1　不同温度下水的饱和蒸气压(×100 Pa)

温度/℃	0	0.2	0.4	0.6	0.8
0	6.105	6.195	6.286	6.379	6.473
1	6.567	6.663	6.759	3.858	6.958
2	7.058	7.159	7.262	7.366	7.473
3	7.579	7.687	7.797	7.907	8.019
4	8.134	8.249	8.365	8.483	8.603
5	8.723	8.846	8.970	9.095	9.222
6	9.350	9.481	9.611	9.745	9.881
7	10.016	10.155	10.295	10.436	10.580
8	10.726	10.872	11.022	11.172	11.324
9	11.478	11.636	11.792	11.952	12.114
10	12.278	12.443	12.610	12.779	12.951
11	13.124	13.300	13.478	13.658	13.839
12	14.023	14.210	14.397	14.587	14.779
13	14.973	15.171	15.369	15.572	15.776
14	15.981	16.191	16.401	16.615	16.831
15	17.049	17.269	17.493	17.719	17.947
16	18.177	18.410	18.648	18.886	19.128
17	19.372	19.618	19.869	20.121	20.377
18	20.634	20.896	21.160	21.426	21.694
19	21.968	22.245	22.523	22.805	23.090
20	23.378	23.669	23.963	24.261	24.561
21	24.805	25.171	25.482	25.797	26.114
22	26.434	26.758	27.086	27.418	27.751
23	28.088	28.430	28.775	29.124	29.478
24	29.834	30.195	30.560	30.928	31.299
25	31.672	32.049	32.432	32.820	33.213
26	33.609	34.009	34.413	34.820	35.232
27	35.649	36.070	36.496	36.925	37.358
28	37.796	38.237	38.683	39.135	39.593

续表

温度/℃	0	0.2	0.4	0.6	0.8
29	40.054	40.519	40.990	41.466	41.945
30	42.429	42.918	43.411	43.908	44.412
31	44.923	45.439	45.958	46.482	47.011
32	47.547	48.087	48.632	49.184	49.740
33	50.301	50.869	51.441	52.020	52.606
34	53.193	53.788	54.390	54.997	55.609
35	54.895	56.854	57.485	58.122	58.766
36	59.412	60.067	60.727	61.395	62.070
37	62.751	63.437	64.131	64.831	65.537
38	66.251	66.969	67.693	68.425	69.166
39	69.917	70.673	71.434	72.202	72.977
40	73.759	74.541	75.340	76.140	76.954
41	77.780	78.607	79.433	80.287	81.140
42	81.993	82.847	83.726	84.606	85.486
43	86.393	87.299	88.206	89.139	90.073
44	91.006	91.952	92.912	93.872	94.846
45	95.832	96.819	97.805	98.819	99.832
46	100.86	101.90	102.94	103.99	105.06
47	106.12	107.20	108.30	109.39	110.48
48	111.60	112.74	113.88	115.03	161.18
49	117.35	118.52	119.71	120.91	122.11
50	123.34	124.66	125.86	127.06	128.39

注：摘自 Weast R C. Handbook of Chemistry and Physics，D 147，63 rd edition，1982－1983，并根据 1 mmHg＝1.333224×10^2 Pa 换算而得。

附表 2　一些单质和化合物的热力学数据(298.15 K，100 kPa)

化学式	状态	$\Delta_f H_m^\ominus$ /(kJ・mol^{-1})	$\Delta_f G_m^\ominus$ /(kJ・mol^{-1})	$S_m^\ominus$ /(J・mol^{-1}・K^{-1})
Ag	s	0		42.6
Ag_2CrO_4	s	−731.7	−641.8	217.6
AgBr	s	−100.4	−96.9	107.1
AgCl	s	−127	−109.8	96.3
AgI	s	−61.8	−66.2	115.5
Al	s	0		28.3
Al_2O_3	s	−1 675.7	−1 582.3	50.9
$AlCl_3$	s	−704.2	−628.8	109.3
$BaCl_2$	s	−855	−806.7	123.7
$BaCO_3$	s	−1 213	−1 134.4	112.1

续表

化学式	状态	$\Delta_f H_m^\ominus$ /(kJ·mol^{-1})	$\Delta_f G_m^\ominus$ /(kJ·mol^{-1})	$S_m^\ominus$ /(J·mol^{-1}·K^{-1})
$BaSO_4$	s	−1 473.2	−1 362.2	132.2
C(石墨)	s	0		5.7
C(金刚石)	s	1.9	2.9	2.4
CO	g	−110.5	−137.2	197.7
CO_2	g	−393.5	−394.4	213.8
$Ca(OH)_2$	s	−985.2	−897.5	83.4
$CaCl_2$	s	−795.4	−748.8	108.4
$CaCO_3$	s	−1 207.6	−1 129.1	91.7
CaO	s	634.9	−603.3	38.1
$Cu(OH)_2$	s	−449.8		
CuI	s	−67.8	−69.5	96.7
CuO	s	−157.3	−129.7	42.6
CuS	s	−53.1	−53.6	66.5
$CuSO_4$	s	−771.4	−662.2	109.2
Fe_2O_3	s	−824.2	−742.2	87.4
Fe_3O_4	s	−1 118.4	−1 015.4	146.4
$FeCl_2$	s	−341.8	−32.3	118
$FeCl_3$	s	−399.5	−334	142.3
H_2O	l	−285.8	−237.1	70
H_2O	g	−241.8	−228.6	188.8
H_2O_2	l	−187.8	−120.4	109.6
H_2O_2	aq	−191.2	−134.1	144.0
H_2S	g	−20.6	−33.4	205.8
H_2SO_4	l	−814	−690	156.9
HCl	g	−92.3	−95.3	186.9
HNO_3	l	−174.1	−80.7	155.6
KCl	s	−436.5	−408.5	82.6
KI	s	−327.9	−324.9	106.3
$KMnO_4$	ss	−837.2	−737.6	171.7
KNO_3	s	−494.6	−394.9	133.1
$MgCl_2$	s	−641.3	−591.8	89.6
NO	g	91.3	87.6	210.8
NO_2	g	33.2	51.3	240.1
Na_2CO_3	s	−1 130.7	−1 044	135
$NaCl$	s	−411.2	−384.1	72.1
$NaHCO_3$	s	−950.8	−851	101.7
NH_4NO_3	s	−365.6	−183.9	151.1
$(NH_4)_2SO_4$	s	−1 180.9	−901.7	220.1
$PbCl_2$	s	−359.4	−314.1	136
PbI_2	s	−175.5	−173.6	174.9
SO_2	g	−296.8	−300.1	248.2

续表

化学式	状态	$\Delta_f H_m^\ominus$ /(kJ·mol^{-1})	$\Delta_f G_m^\ominus$ /(kJ·mol^{-1})	$S_m^\ominus$ /(J·mol^{-1}·K^{-1})
SO_3	g	−395.7	−371.1	256.8
$ZnSO_4$	s	−982.8	−871.5	110.5
$C_2H_2O_2$	g	−212	−189.7	272.5
C_2H_5OH	l	−277.6	−174.8	160.7
C_2H_6	g	−84	−32	229.2
C_6H_6	l	49.1	124.5	173.4
C_6H_6	g	82.9	129.7	269.2

注：本表摘自 W. M. Haynes. CRC Handbook of Chemistry and Physics. 97th edition. CRC Press，2016—2017：5-3～5-64.

附表 3　酸、碱的解离常数

1. 弱酸的解离常数(298.15 K)

弱酸	级数	解离常数 $K_a^\ominus$	$pK_a^\ominus$
H_3AlO_3	1	6.3×10^{-12}	11.2
H_3AsO_4	1	6.0×10^{-3}	2.22
	2	1.7×10^{-7}	6.77
	3	3.2×10^{-12}	11.49
H_3BO_3	1	5.8×10^{-10}	9.24
$HBrO_3$	1	0.1×10^{-2}	3
H_2CO_3	1	4.5×10^{-7}	6.35
	2	4.7×10^{-11}	10.33
HCN	1	6.2×10^{-10}	9.21
H_2CrO_4	1	4.1	−0.61
	2	1.3×10^{-6}	5.89
HClO	1	2.9×10^{-8}	7.54
HF	1	6.3×10^{-4}	3.2
HIO	1	3.2×10^{-11}	10.49
HIO_3	1	0.16	0.8
HNO_2	1	7.2×10^{-4}	3.14
H_2O_2	1	2.4×10^{-12}	11.62
H_3PO_4	1	6.9×10^{-3}	2.16
	2	6.1×10^{-8}	7.21
	3	4.8×10^{-13}	12.32
$H_4P_2O_7$	1	1.2×10^{-1}	0.92
	2	7.9×10^{-3}	2.1
	3	2.0×10^{-7}	6.7
	4	4.5×10^{-10}	9.35
H_3PO_3	1	3.7×10^{-2}	1.43
	2	2.1×10^{-7}	6.68

续表

弱酸	级数	解离常数 $K_a^{\ominus}$	$pK_a^{\ominus}$
H_2SO_4	2	1.0×10^{-2}	2
H_2SO_3	1	1.3×10^{-2}	1.89
	2	6.2×10^{-8}	7.21
H_2Se	1	1.3×10^{-4}	3.89
	2	1.0×10^{-11}	11
H_2S	1	1.1×10^{-7}	6.96
	2	1.3×10^{-13}	12.89
H_2SeO_4	2	2.2×10^{-2}	1.66
H_2SeO_3	1	2.4×10^{-3}	2.62
	2	5.0×10^{-9}	8.3
HSCN	1	63.1	−1.8
H_2SiO_3	1	2.5×10^{-10}	9.6
	2	1.6×10^{-12}	11.8
NH_4^+	1	5.6×10^{-10}	9.25
$H_2C_2O_4$(草酸)	1	5.4×10^{-2}	1.27
	2	5.4×10^{-5}	4.27
HCOOH(甲酸)	1	1.8×10^{-4}	3.74
CH_3COOH(醋酸)	1	1.8×10^{-5}	4.74
$ClCH_2COOH$(氯代醋酸)	1	1.4×10^{-3}	2.85
$CH_2{=}CHCO_2H$(丙烯酸)	1	5.5×10^{-5}	4.26
$CH_3COOH_2CO_2H$(乙酰醋酸)	1	2.6×10^{-4}	3.59
$H_3C_6H_5O_7$(柠檬酸)	1	7.4×10^{-4}	3.13
	2	1.73×10^{-5}	4.76
	3	4×10^{-7}	6.4
H_4Y(乙二胺四乙酸)	1	1.0×10^{-2}	2
	2	2.1×10^{-3}	2.68
	3	6.9×10^{-7}	6.16
	4	5.5×10^{-11}	10.26

2. 弱碱的解离常数(298.15 K)

弱碱	级数	解离常数 $K_b^{\ominus}$	$pK_b^{\ominus}$
$NH_3\cdot H_2O$	1	1.8×10^{-5}	4.74
$H_2N{-}NH_2$(联氨)	1	9.8×10^{-7}	6.01
$Al(OH)_3$	1	1.38×10^{-9}	8.86
AgOH	1	1.1×10^{-4}	3.96
NH_2OH(羟胺)	1	9.1×10^{-9}	8.04
$Ca(OH)_2$	1	3.7×10^{-3}	2.43
	2	4.0×10^{-2}	1.4
$Zn(OH)_2$	1	9.55×10^{-4}	3.02
$(CH_2)_6N_4$(六亚甲基四胺)	1	1.4×10^{-9}	8.85

续表

弱碱	级数	解离常数 $K_b^\ominus$	$pK_b^\ominus$
$C_6H_5NH_2$(苯胺)	1	4×10^{-10}	9.4
C_5H_5N(吡啶)	1	1.5×10^{-9}	8.82

附表 4　常见难溶物质的溶度积(298.15 K)

分子式	K_{sp}	pK_{sp}
$Al(OH)_3$	1.3×10^{-33}	32.89
$AIPO_4$	9.84×10^{-21}	20.01
Al_2S_3	2×10^{-7}	6.7
As_2S_3	2.1×10^{-22}	21.68
$Ba_3(AsO_4)_2$	8.0×10^{-51}	50.11
$Ba(BrO_3)_2$	2.43×10^{-4}	5.5
$BaCO_3$	2.58×10^{-9}	8.59
$BaCrO_4$	1.17×10^{-10}	9.93
BaF_2	1.84×10^{-7}	6.74
$BaSiF_6$	1×10^{-6}	6
$Ba(OH)_2\cdot8H_2O$	2.55×10^{-4}	3.59
$Ba(IO_3)_2\cdot H_2O$	4.01×10^{-9}	8.4
$BaC_2O_4\cdot H_2O$	2.3×10^{-8}	7.64
$Ba_3(PO_4)_2$	3.4×10^{-23}	22.47
$Ba_2P_2O_7$	3.2×10^{-11}	10.5
$BaSO_4$	1.08×10^{-10}	9.97
$BaSO_3$	5.0×10^{-10}	9.3
BaS_2O_3	1.6×10^{-5}	4.79
$BeCO_3\cdot4H_2O$	1×10^{-3}	3
$Be(OH)_2$	6.92×10^{-22}	21.16
$BiAsO_4$	4.43×10^{-10}	9.35
$Bi(OH)_3$	6.0×10^{-31}	30.4
BiI_3	7.71×10^{-19}	18.11
BiOBr	3.0×10^{-7}	6.52
BiOCl	1.8×10^{-31}	30.75
BiO(OH)	4×10^{-10}	9.4
$Bio(NO_3)$	2.82×10^{-3}	2.55
$Bio(NO_2)$	4.9×10^{-7}	6.31
$BiPO_4$	1.3×10^{-23}	22.89
Bi_2S_3	1×10^{-97}	97
$CdCO_3$	1.0×10^{-12}	12

续表

分子式	K_{sp}	pK_{sp}
$Cd(CN)_2$	1.0×10^{-8}	8
CdF_2	6.44×10^{-3}	2.19
$Cd(OH)_2$(新生成)	7.2×10^{-15}	14.14
$Cd(IO_3)_2$	2.5×10^{8}	7.6
$Cd_3(PO_4)_2$	2.53×10^{-33}	32.6
CdS	8.0×10^{-27}	26.1
$Ca_3(AsO_4)_2$	6.8×10^{-19}	18.17
$CaCO_3$	2.8×10^{-9}	8.54
$Ca[Mg(CO_3)_2]$(白云石)	1×10^{-11}	11
$CaCrO_4$	7.1×10^{-4}	3.15
CaF_2	5.30×10^{-9}	8.28
$Ca[SiF_6]$	8.1×10^{-4}	3.09
$Ca(OH)_2$	5.5×10^{-6}	5.26
$Ca(IO_3)_2\cdot6H_2O$	7.10×10^{-7}	6.15
$CaC_2O_4\cdot H_2O$	2.32×10^{-9}	8.63
$Ca_3(PO_4)_2$	2.07×10^{-29}	28.68
$CaSiO_3$	2.5×10^{-8}	7.6
$CaSO_4$	4.93×10^{-5}	4.31
$CaSO_4\cdot2H_2O$	3.14×10^{-5}	4.5
$CaSO_3$	6.8×10^{-8}	7.17
CeF_3	8×10^{-16}	15.1
$Ce(OH)_3$	1.6×10^{-20}	19.8
$Ce(OH)_4$	2×10^{-48}	47.7
$CePO_4$	1×10^{-23}	23
Ce_2S_3	6.0×10^{-11}	10.22
$Cs_3[Co(NO_2)_6]$	5.7×10^{-16}	15.24
$Cs_2[PtCl_6]$	3.2×10^{-8}	7.5
$Cs_2[PtF_6]$	2.4×10^{-6}	5.62
$Cs_2[SiF_6]$	1.3×10^{-5}	4.9
$CsClO_4$	3.95×10^{-3}	2.4
$CsIO_4$	5.16×10^{-6}	5.29
$CsMnO_4$	8.2×10^{-5}	4.08
$CsReO_4$	4.0×10^{-4}	3.4
$Cs[BF_4]$	5×10^{-5}	4.7
$Cr(OH)_2$	2×10^{-16}	15.7
$CrAsO_4$	7.7×10^{-21}	20.11
CrF_3	6.6×10^{-11}	10.18
$Cr(OH)_3$	6.3×10^{-31}	30.20
$CrPO_4\cdot4H_2O$(绿色)	2.4×10^{-23}	22.62

续表

分子式	K_{sp}	pK_{sp}
$CrPO_4 \cdot 4H_2O$(紫罗兰色)	1.0×10^{-17}	17.00
$Co_3(AsO_4)_2$	6.80×10^{-29}	28.17
$CoCO_3$	1.4×10^{-13}	12.84
$Co(OH)_2$(新生成)	5.92×10^{-15}	14.23
$Co(OH)_3$	1.6×10^{-44}	43.8
$Co_3(PO_4)_2$	2.05×10^{-35}	34.69
α-CoS	4.0×10^{-21}	20.40
β-CoS	2.0×10^{-25}	24.70
CuN_3	4.9×10^{-9}	8.31
CuBr	6.27×10^{-9}	8.20

附表 5　标准电极电势(298.15 K,101.325 kPa)

电对	电极过程	$\varphi^{\ominus}/V$
Ag^+/Ag	$Ag^+ + e \rightleftharpoons Ag$	0.799 6
$AgCl/Ag$	$AgCl + e \rightleftharpoons Ag + Cl^-$	0.222
Ag_2CrO_4/Ag	$Ag_2CrO_4 + 2e \rightleftharpoons 2Ag + CrO_4^{2-}$	0.447
AgI/Ag	$AgI + e \rightleftharpoons Ag + I^-$	−0.152
$[Ag(NH_3)_2]^+/Ag$	$[Ag(NH_3)_2]^+ + e \rightleftharpoons Ag + 2NH_3$	0.373
$Br_2(l)/2Br^-$	$Br_2(l) + 2e \rightleftharpoons 2Br^-$	1.066
Ca^{2+}/Ca	$Ca^{2+} + 2e \rightleftharpoons Ca$	−2.868
$Ca(OH)_2/Ca$	$Ca(OH)_2 + 2e \rightleftharpoons Ca + 2OH^-$	−3.02
Cd^{2+}/Cd	$Cd^{2+} + 2e \rightleftharpoons Cd$	−0.403
$Cd^{2+}/Cd(Hg)$	$Cd^{2+} + 2e \rightleftharpoons Cd(Hg)$	−0.352
$Cl_2(g)/2Cl^-$	$Cl_2(g) + 2e \rightleftharpoons 2Cl^-$	1.358
Co^{2+}/Co	$Co^{2+} + 2e \rightleftharpoons Co$	−0.28
$[Co(NH_3)_6]^{3+}[Co(NH_3)_6]^{2+}$	$[Co(NH_3)_6]^{3+} + e \rightleftharpoons [Co(NH_3)_6]^{2+}$	0.108
$[Co(NH_3)_6]^{2+}/Co$	$[Co(NH_3)_6]^{2+} + 2e \rightleftharpoons Co + 6NH_3$	−0.43
Cr^{2+}/Cr	$Cr^{2+} + 2e \rightleftharpoons Cr$	−0.913
Cr^{3+}/Cr^{2+}	$Cr^{3+} + e \rightleftharpoons Cr^{2+}$	−0.407
Cr^{3+}/Cr	$Cr^{3+} + 3e \rightleftharpoons Cr$	−0.744
$[Cr(CN)_6]^{3-}/[Cr(CN)_6]^{4-}$	$[Cr(CN)_6]^{3-} + e \rightleftharpoons [Cr(CN)_6]^{4-}$	−1.28
$Cr(OH)_3/Cr$	$Cr(OH)_3 + 3e \rightleftharpoons Cr + 3OH^-$	−1.48
$Cr_2O_7^{2-}/Cr^{3+}$	$Cr_2O_7^{2-} + 14H^+ + 6e \rightleftharpoons 2Cr^{3+} + 7H_2O$	1.232
Cu^+/Cu	$Cu^+ + e \rightleftharpoons Cu$	0.521
Cu^{2+}/Cu^+	$Cu^{2+} + e \rightleftharpoons Cu^+$	0.153
Cu^{2+}/Cu	$Cu^{2+} + 2e \rightleftharpoons Cu$	0.342
Cu^{2+}/CuI	$Cu^{2+} + I^- + e \rightleftharpoons CuI$	0.86
$Cu^{2+}/[Cu(CN)_2]^-$	$Cu^{2+} + 2CN^- + e \rightleftharpoons [Cu(CN)_2]^-$	1.103

续表

电对	电极过程	$\varphi^{\ominus}$/V
CuS/Cu	$CuS+2e \rightleftharpoons Cu+S^{2-}$	−0.7
Fe^{2+}/Fe	$Fe^{2+}+2e \rightleftharpoons Fe$	−0.447
Fe^{3+}/Fe	$Fe^{3+}+3e \rightleftharpoons Fe$	−0.037
$[Fe(CN)_6]^{3-}/[Fe(CN)_6]^{4-}$	$[Fe(CN)_6]^{3-}+e \rightleftharpoons [Fe(CN)_6]^{4-}$	0.358
$[Fe(CN)_6]^{4-}/Fe$	$[Fe(CN)_6]^{4-}+2e \rightleftharpoons Fe+6CN^-$	−1.5
$[FeF_6]^{3-}/Fe^{2+}$	$[FeF_6]_3^-+e \rightleftharpoons Fe^{2+}+6F^-$	0.4
$Fe(OH)_2/Fe$	$Fe(OH)_2+2e \rightleftharpoons Fe+2OH^-$	−0.877
$Fe(OH)_3/Fe(OH)_2$	$Fe(OH)_3+e \rightleftharpoons Fe(OH)_2+OH^-$	−0.56
H^+/H_2	$2H^++2e \rightleftharpoons H_2$	0
H_2O/H_2	$2H_2O+2e \rightleftharpoons H_2+2OH^-$	−0.827 7
Hg_2Cl_2/Hg	$Hg_2Cl_2+2e \rightleftharpoons 2Hg+2Cl^-$	0.268 1
I_2/I^-	$I_2+2e \rightleftharpoons 2I^-$	0.535 5
K^+/K	$K^++e \rightleftharpoons K$	−2.931
Li^+/Li	$Li^++e \rightleftharpoons Li$	−3.04
Mg^{2+}/Mg	$Mg^{2+}+2e \rightleftharpoons Mg$	−2.372
$Mg(OH)_2/Mg$	$Mg(OH)_2+2e \rightleftharpoons Mg+2OH^-$	−2.69
Mn^{2+}/Mn	$Mn^{2+}+2e \rightleftharpoons Mn$	−1.185
Mn^{3+}/Mn	$Mn^{3+}+3e \rightleftharpoons Mn$	1.542
MnO_2/Mn^{2+}	$MnO_2+4H^++2e \rightleftharpoons Mn^{2+}+2H_2O$	1.224
MnO_4^-/MnO_2	$MnO_4^-+4H^++3e \rightleftharpoons MnO_2+2H_2O$	1.679
MnO_4^-/Mn^{2+}	$MnO_4^-+8H^++5e \rightleftharpoons Mn^{2+}+4H_2O$	1.507
MnO_4^-/MnO_2	$MnO_4^-+2H_2O+3e \rightleftharpoons MnO_2+4OH^-$	0.595
Na^+/Na	$Na^++e \rightleftharpoons Na$	−2.713
Ni^{2+}/Ni	$Ni^{2+}+2e \rightleftharpoons Ni$	−0.257
O_2/H_2O	$O_2+4H^++4e \rightleftharpoons 2H_2O$	1.229
O_2/OH^-	$O_2+2H_2O+4e \rightleftharpoons 4OH^-$	0.401
Pb^{2+}/Pb	$Pb^{2+}+2e \rightleftharpoons Pb$	−0.126
$PbCl_2/Pb$	$PbCl_2+2e \rightleftharpoons Pb+2Cl^-$	−0.268
$PbSO_4/Pb$	$PbSO_4+2e \rightleftharpoons Pb+SO_4^{2-}$	−0.359
Pt^{2+}/Pt	$Pt^{2+}+2e \rightleftharpoons Pt$	1.18
$[PtCl_6]^{2/}[PtCl_4]^{2-}$	$[PtCl_6]^{2-}+2e \rightleftharpoons [PtCl_4]^{2-}+2Cl^-$	0.68
S/S^{2-}	$S+2e \rightleftharpoons S^{2-}$	−0.476
SO_4^{2-}/SO_3^{2-}	$SO_4^{2-}+H_2O+2e \rightleftharpoons SO_3^{2-}+2OH^-$	−0.93
Sn^{2+}/Sn	$Sn^{2+}+2e \rightleftharpoons Sn$	−0.138
Sn^{4+}/Sn^{2+}	$Sn^{4+}+2e \rightleftharpoons Sn^{2+}$	0.151
Zn^{2+}/Zn	$Zn^{2+}+2e \rightleftharpoons Zn$	−0.761 8
ZnS/Zn	$ZnS+2e \rightleftharpoons Zn+S^{2-}$	−1.4

注：1. 表中所列的标准电极电势(25.0 ℃，101.325 kPa)是相对于标准氢电极电势的值。标准氢电极电势被规定为零伏特(0 V)。

2. 本表摘自 W. M. Haynes. CRC handbook of chemistry and physics. 91th edition. CRC press，2010—2011：(8-20)～(8-24).

附表 6　一些配位化合物的稳定常数

配离子	$K_稳$	$\lg K_稳$	配离子	$K_稳$	$\lg K_稳$
$[AgCl_2]^-$	1.10×10^{5}	5.04	$[Ag(en)_2]^+$	5.00×10^{7}	7.70
$[AuCl_2]^+$	6.30×10^{9}	9.80	$[Cd(en)_3]^{2+}$	1.20×10^{12}	12.09
$[CdCl_4]^{2-}$	6.33×10^{2}	2.80	$[Co(en)_3]^{2+}$	8.69×10^{13}	13.94
$[CuCl_3]^{2-}$	5.01×10^{5}	5.70	$[Co(en)_3]^{3+}$	4.90×10^{48}	48.69
$[FeCl_4]^-$	1.02×10^{0}	0.01	$[Cr(en)_2]^{2+}$	1.55×10^{9}	9.19
$[HgCl_4]^{2-}$	1.17×10^{15}	15.07	$[Cu(en)_2]^+$	6.33×10^{10}	10.80
$[PtCl_4]^{2-}$	1.00×10^{16}	16.00	$[Cu(en)_3]^{2+}$	1.00×10^{21}	21.00
$[SnCl_4]^{2-}$	3.02×10^{1}	1.48	$[Fe(en)_3]^{2+}$	5.00×10^{9}	9.70
$[ZnCl_4]^{2-}$	1.58×10^{0}	0.20	$[Hg(en)_2]^{2+}$	2.00×10^{23}	23.30
$[AlF_6]^{3-}$	6.94×10^{19}	19.84	$[Mn(en)_3]^{2+}$	4.67×10^{5}	5.67
$[AgBr_2]^-$	2.14×10^{7}	7.33	$[Ni(en)_3]^{2+}$	2.14×10^{18}	18.33
$[AgI_3]^{2-}$	4.78×10^{13}	13.68	$[Zn(en)_3]^{2+}$	1.29×10^{14}	14.11
$[AgI_2]^-$	5.49×10^{11}	11.74	$[Ag(NH_3)_2]^+$	1.12×10^{7}	7.05
$[CdI_4]^{2-}$	2.57×10^{5}	5.41	$[Cd(NH_3)_6]^{2+}$	1.38×10^{5}	5.14
$[CuI_2]^-$	7.09×10^{8}	8.85	$[Cd(NH_3)_4]^{2+}$	1.32×10^{7}	7.12
$[PbI_4]^{2-}$	2.95×10^{4}	4.47	$[Co(NH_3)_6]^{2+}$	1.29×10^{5}	5.11
$[HgI_4]^{2-}$	6.76×10^{29}	29.83	$[Co(NH_3)_6]^{3+}$	1.58×10^{35}	35.20
$[Ag(CN)_2]^-$	1.30×10^{21}	21.11	$[Cu(NH_3)_2]^+$	7.25×10^{10}	10.86
$[Ag(CN)_4]^{3-}$	4.00×10^{20}	20.60	$[Cu(NH_3)_4]^{2+}$	2.09×10^{13}	13.32
$[Au(CN)_2]^-$	2.00×10^{38}	38.30	$[Fe(NH_3)_2]^{2+}$	1.6×10^{2}	2.20
$[Cd(CN)_4]^{2-}$	6.02×10^{18}	18.78	$[Hg(NH_3)_4]^{2+}$	1.90×10^{19}	19.28
$[Cu(CN)_2]^-$	1.00×10^{24}	24.00	$[Mg(NH_3)_2]^{2+}$	20.00	1.30
$[Cu(CN)_4]^{3-}$	2.00×10^{30}	30.30	$[Ni(NH_3)_6]^{2+}$	5.49×10^{8}	8.74
$[Fe(CN)_6]^{4-}$	1.00×10^{35}	35.00	$[Ni(NH_3)_4]^{2+}$	9.09×10^{7}	7.96
$[Fe(CN)_6]^{3-}$	1.00×10^{42}	42.00	$[Pt(NH_3)_6]^{2+}$	2.00×10^{35}	35.30
$[Hg(CN)_4]^{2-}$	2.50×10^{41}	41.40	$[Zn(NH_3)_4]^{2+}$	2.88×10^{9}	9.46
$[Ni(CN)_4]^{2-}$	2.00×10^{31}	31.30	$[Al(OH)_4]^-$	1.07×10^{33}	33.03
$[Zn(CN)_4]^{2-}$	5.00×10^{16}	16.70	$[Bi(OH)_4]^-$	1.59×10^{35}	35.20
$[Ag(SCN)_2]^-$	3.72×10^{7}	7.57	$[Cd(OH)_4]^{2-}$	4.17×10^{8}	8.62
$[Cu(SCN)_2]^-$	1.51×10^{5}	5.18	$[Cr(OH)_4]^-$	7.94×10^{29}	29.90

续表

配离子	$K_{稳}$	$\lg K_{稳}$	配离子	$K_{稳}$	$\lg K_{稳}$
$[Hg(SCN)_4]^{2-}$	1.70×10^{21}	21.23	$[Cu(OH)_4]^{2-}$	3.16×10^{18}	18.50
$[AgEDTA]^{3-}$	2.09×10^{7}	7.32	$[Fe(OH)_4]^{2-}$	3.80×10^{8}	8.58
$[AlEDTA]^{-}$	1.29×10^{16}	16.10	$[Ca(P_2O_7)]^{2-}$	4.00×10^{4}	4.60
$[CaEDTA]^{2-}$	1.00×10^{11}	11.00	$[Cd(P_2O_7)]^{2-}$	4.00×10^{5}	5.60
$[CdEDTA]^{2-}$	2.50×10^{16}	16.40	$[Cu(P_2O_7)]^{2-}$	5.01×10^{6}	6.70
$[CoEDTA]^{2-}$	2.04×10^{16}	16.31	$[Ni(P_2O_7)_2]^{6-}$	2.51×10^{7}	7.40
$[CoEDTA]^{-}$	1.00×10^{36}	36.00	$[Ag(S_2O_3)]^{-}$	6.62×10^{8}	8.82
$[CuEDTA]^{2-}$	5.00×10^{18}	18.70	$[FeEDTA]^{2-}$	2.14×10^{14}	14.33
$[NiEDTA]^{2-}$	3.64×10^{18}	18.56	$[FeEDTA]^{-}$	1.70×10^{24}	24.23
$[ZnEDTA]^{2-}$	2.50×10^{16}	16.40	$[HgEDTA]^{2-}$	6.33×10^{21}	21.80
$[MgEDTA]^{2-}$	4.37×10^{8}	8.64	$[Cu(S_2O_3)_2]^{2-}$	1.66×10^{12}	12.22
$[MnEDTA]^{2-}$	6.30×10^{13}	13.80	$[Pb(S_2O_3)_2]^{2-}$	1.35×10^{5}	5.13
$[Ag(S_2O_3)_2]^{3-}$	2.88×10^{13}	13.46	$[Hg(S_2O_3)_4]^{6-}$	1.74×10^{33}	33.24
$[Cd(S_2O_3)_2]^{2-}$	2.75×10^{6}	6.44			

附表 7　常见阴、阳离子的鉴定

1. 阳离子的鉴定

阳离子	鉴定方法	条件与干扰
Na^+	1. 取 2 滴 Na^+ 试液，加 8 滴醋酸铀酰试剂：$UO_2(Ac)_2+Zn(Ac)_2+HAc$，放置数分钟，用玻璃棒摩擦器壁，淡黄色的晶状沉淀出现，示有 Na^+： $3UO_2^{2+}+Zn^{2+}+Na^++9Ac^-+9H_2O$ ══ $3UO_2(Ac)_2\cdot Zn(Ac)_2\cdot NaAc\cdot 9H_2O$	① 在中性或醋酸酸性溶液中进行，强酸强碱均能使试剂分解。需加入大量试剂，用玻璃棒摩擦器壁。 ② 大量 K^+ 存在时，可能生成 $KAc\cdot UO_2(Ac)_2$ 的针状结晶。如试液中有大量 K^+ 时用水冲稀 3 次后试验。Ag^+、Hg^{2+}、Sb^{3+} 有干扰，PO_4^{3-}、AsO_4^{3-} 能使试剂分解，应预先除去
	2. Na^+ 试液与等体积的 $0.1\ mol\cdot L^{-1}\ KSb(OH)_6$ 试液混合，用玻璃棒摩擦器壁，放置后产生白色晶形沉淀，示有 Na^+：$Na^++Sb(OH)_6^-$ ══ $NaSb(OH)_6\downarrow$。Na^+ 浓度大时，立即有沉淀生成，浓度小时因生成过饱和溶液，很久以后（几小时，甚至过夜）才有结晶附在器壁	① 在中性或弱碱性溶液中进行，因酸能分解试剂。 ② 低温下进行，因沉淀的溶解度随温度的升高而加剧。 ③ 除碱金属以外的金属离子也能与试剂形成沉淀，需预先除去

续表

阳离子	鉴定方法	条件与干扰
K^+	1. 取 2 滴 K^+ 试液，加 3 滴六硝基合钴(Ⅲ)酸钠($Na_3[Co(NO_2)_6]$)溶液，放置片刻，黄色的 $K_2Na[Co(NO_2)_6]$ 沉淀析出，示有 K^+： $2K^+ + Na^+ + [Co(NO_2)_6]^{3-} = K_2Na[Co(NO_2)_6](s)$	① 在中性、微酸性溶液中进行，因酸碱都能分解试剂中的 $[Co(NO_2)_6]^{3-}$。 ② NH_4^+ 与试剂生成橙色沉淀 $(NH_4)_2Na[Co(NO_2)_6]$ 而干扰，但在沸水中加热 1～2 min 后 $(NH_4)_2Na[Co(NO_2)_6]$ 完全分解，$K_2Na[Co(NO)_6]$ 无变化，故可在 NH_4^+ 浓度大于 K^+ 浓度 100 倍时鉴定 K^+
	2. 取 2 滴 K^+ 试液，加 2～3 滴 0.1 $mol \cdot L^{-1}$ 四苯硼酸钠 $Na[B(C_6H_5)_4]$ 溶液，生成白色沉淀，示有 K^+： $K^+ + [B(C_6H_5)_4]^- = K[B(C_6H_5)_4](s)$	① 在碱性、中性或稀酸溶液中进行。 ② NH_4^+ 有类似的反应而干扰，Ag^+、Hg^{2+} 的影响可加 NaCN 消除，当 pH=5、若 EDTA 存在时，其他阳离子不干扰
NH_4^+	1. 气室法。用干燥、洁净的表面皿两块(一大、一小)，在大的一块表面皿中心放 3 滴 NH_4^+ 试液，再加 3 滴 6 $mol \cdot L^{-1}$ NaOH 溶液，混合均匀。在小的一块表面皿中心黏附一小条潮湿的酚酞试纸，盖在大的表面皿上做成气室。将此气室放在水浴上微热 2 min，酚酞试纸变红，示有 NH_4^+	这是 NH_4^+ 的特征反应
	2. 取 1 滴 NH_4^+ 试液，放在白滴板的圆孔中，加 2 滴奈氏试剂(K_2HgI_4 的 NaOH 溶液)，生成红棕色沉淀，示有 NH_4^+： $NH_4^+ + 2[HgI_4]^{2-} + 4OH^- =$ 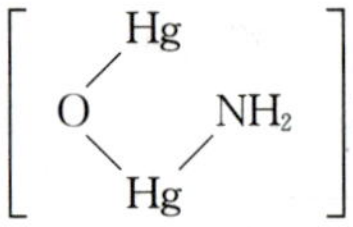 $I\downarrow + 3H_2O + 7I^-$ 或 $NH_4^+ + OH^- = NH_3 + H_2O$ $NH_3 + 2[HgI_4]^{2-} + OH^- =$ 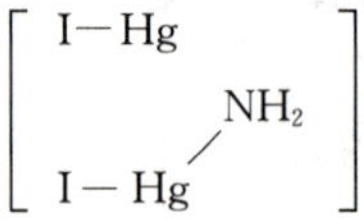 $I\downarrow + H_2O + 5I^-$ NH_4^+ 浓度低时，没有沉淀产生，但溶液呈黄色或棕色	1. Fe^{3+}、Co^{2+}、Ni^{2+}、Ag^+、Cr^{3+} 等存在时，与试剂中的 NaOH 生成有色沉淀而干扰，必须预先除去。 2. 大量 S^{2-} 存在使 $[HgI_4^{2-}]$ 分解析出 HgS，大量 I^- 存在使反应向左进行，沉淀溶解

续表

阳离子	鉴定方法	条件与干扰
Mg^{2+}	1. 取 2 滴 Mg^{2+} 试液，加 2 滴 2 $mol \cdot L^{-1}$ NaOH 溶液、1 滴镁试剂(Ⅰ)，沉淀呈天蓝色，示有 Mg^{2+}。 对硝基苯偶氮间苯二酚俗称镁试剂(Ⅰ)，在碱性环境下呈红色或红紫色，被 $Mg(OH)_2$ 吸附后则呈天蓝色 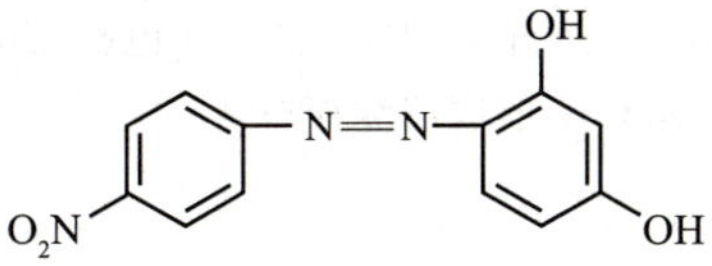	1. 反应必须在碱性溶液中进行，如 NH_4^+ 过大，由于它降低了 OH^- 浓度，因而妨碍 Mg^{2+} 的检出，故在鉴定前需加碱煮沸，以除去大量的 NH_4^+。 2. Ag^+、Hg_2^{2+}、Hg^{2+}、Cu^{2+}、Co^{2+}、Ni^{2+}、Mn^{2+}、Cr^{3+}、Fe^{3+} 及大量 Ca^{2+} 干扰反应，应预先除去
	2. 取 4 滴 Mg^{2+} 试液，加 2 滴 6 $mol \cdot L^{-1}$ 氨水、2 滴2 $mol \cdot L^{-1}$ $(NH_4)_2HPO_4$ 溶液，摩擦试管内壁，生成白色晶形 $MgNH_4PO_4 \cdot 6H_2O$ 沉淀，示有 Mg^{2+}： $Mg^{2+} + HPO_4^{2-} + NH_3 \cdot H_2O + 5H_2O = MgNH_4PO_4 \cdot 6H_2O\downarrow$	① 反应需在氨缓冲溶液中进行，要有高浓度的 PO_4^{3-} 和足够量的 NH_4^+。 ② 反应的选择性较差，除碱土金属组（含 Mg^{2+}、Ca^{2+}、Ba^{2+}、Sr^{3+} 等）外，第一至第三、第五组的很多离子都可能产生干扰
Ca^{2+}	1. 取 2 滴 Ca^{2+} 试液，滴加饱和 $(NH_4)_2C_2O_4$ 溶液，有白色的 CaC_2O_4 沉淀形成，示有 Ca^{2+}	① 反应在醋酸酸性、中性、碱性溶液中进行。 ② Mg^{2+}、Sr^{2+}、Ba^{2+} 有干扰，但 MgC_2O_4 溶于醋酸，CaC_2O_4 不溶，Sr^{2+}、Ba^{2+} 在鉴定前应除去
	2. 取 1～2 滴 Ca^{2+} 试液于一滤纸片上，加 1 滴 6 $mol \cdot L^{-1}$ NaOH、1 滴 GBHA。若有 Ca^{2+}，则有红色斑点产生，加 2 滴 Na_2CO_3 溶液不褪色，示有 Ca^{2+}。 乙二醛双缩(2-羟基苯胺)简称 GBHA，与 Ca^{2+} 在 pH=12～12.6 的溶液中生成红色螯合物沉淀： 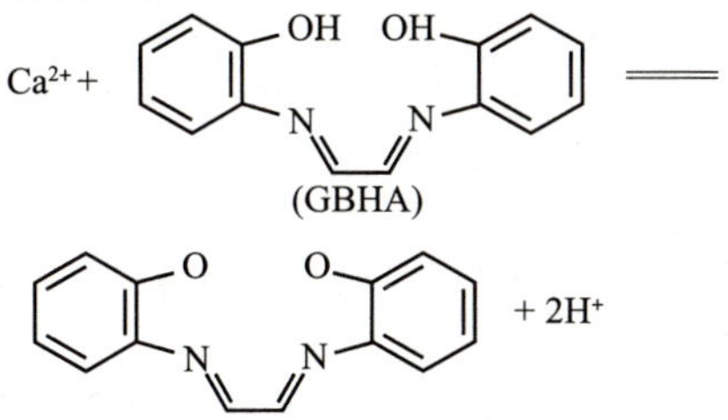	① Ba^{2+}、Sr^{2+} 在相同条件下分别生成橙色、红色沉淀，但加入 Na_2CO_3 后，形成碳酸盐沉淀，螯合物颜色变浅，而 Ca^{2+} 的化合物颜色基本不变。 ② Cu^{2+}、Cd^{2+}、Co^{2+}、Ni^{2+}、Mn^{2+}、UO_2^{2+} 等也与试剂生成有色螯合物而干扰，当用氯仿萃取时，只有 Cd^{2+} 的产物和 Ca^{2+} 的产物一起被萃取
Ba^{2+}	取 2 滴 Ba^{2+} 试液，加 1 滴 0.1 $mol \cdot L^{-1}$ K_2CrO_4 溶液，有 $BaCrO_4$ 黄色沉淀生成，示有 Ba^{2+}	在 HAc-NH_4Ac 缓冲溶液中进行

续表

阳离子	鉴定方法	条件与干扰
Al^{3+}	1. 取 1 滴 Al^{3+} 试液，加 2～3 滴水，再加 2 滴 3 $mol \cdot L^{-1}$ NH_4Ac、2 滴铝试剂，搅拌，微热片刻，加 6 $mol \cdot L^{-1}$ 氨水至呈碱性，红色沉淀不消失，示有 Al^{3+}： 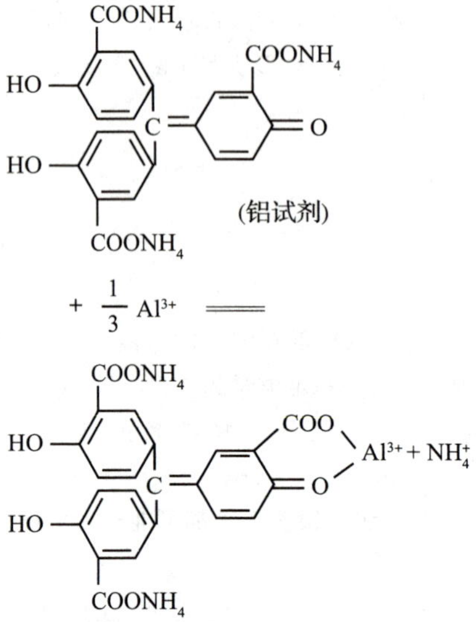 	① 在 $HAc\text{-}NH_4Ac$ 的缓冲溶液中进行。 ② Cr^{3+}、Fe^{3+}、Bi^{3+}、Cu^{2+}、Ca^{2+} 等离子在 HAc 缓冲溶液中也能与铝试剂生成红色化合物而干扰，但加入氨水碱化后，Cr^{3+}、Cu^{2+} 的化合物即分解，加入 $(NH_4)_2CO_3$ 可使 Ca^{2+} 的化合物生成 $CaCO_3$ 而分解，Fe^{3+}、Bi^{3+}（包括 Cu^{2+}）可预先加 NaOH 形成沉淀而分离
Al^{3+}	2. 取 1 滴 Al^{3+} 试液，加 1 $mol \cdot L^{-1}$ NaOH 溶液，使 Al^{3+} 以 AlO_2^- 的形式存在；加 1 滴茜素磺酸钠溶液（茜素 S），再滴加 HAc，直至紫色刚刚消失，过量 1 滴则有红色沉淀生成，示有 Al^{3+}。或取 1 滴 Al^{3+} 试液于滤纸上，加 1 滴茜素磺酸钠，用浓氨水熏至出现桃红色斑，此时立即离开氨瓶。如果氨熏时间长，则显茜素 S 的紫色，可用手拿滤纸在石棉网上烤一下，则紫色褪去，现出红色： 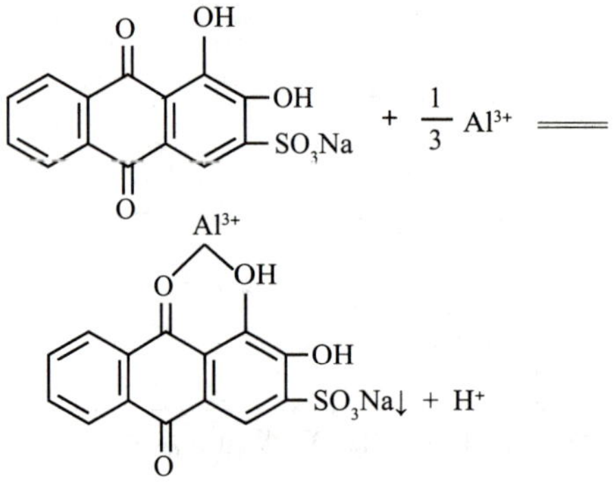	① 茜素磺酸钠在氨性或碱性溶液中为紫色，在醋酸溶液中为黄色，在 pH＝5～5.5 介质中与 Al^{3+} 生成红色沉淀。 ② Fe^{3+}、Cr^{3+}、Mn^{2+} 及大量 Cu^{2+} 有干扰，用 $K_4[Fe(CN)_6]$ 在纸上分离。由于干扰离子沉淀为难溶亚铁氰酸盐留在斑点的中心，Al^{3+} 不被沉淀，扩散到水渍区。分离干扰离子后，于水渍区用茜素磺酸钠鉴定 Al^{3+}

续表

阳离子	鉴定方法	条件与干扰
Cr^{3+}	1. 取 3 滴 Cr^{3+} 试液，加 6 mol·L^{-1} NaOH 溶液直到生成的沉淀溶解；搅动后加 4 滴 3% H_2O_2，水浴加热，溶液颜色由绿变黄，继续加热直至剩余的 H_2O_2 分解完，冷却；加 6 mol·L^{-1} HAc 酸化，加 2 滴 0.1 mol·L^{-1} $Pb(NO_3)_2$ 溶液，生成黄色 $PbCrO_4$ 沉淀，示有 Cr^{3+}： $Cr^{3+}+4OH^- = CrO_2+2H_2O$ $2CrO_2+3H_2O_2+2OH^- = 2CrO_4^- +4H_2O$ $Pb^{2+}+CrO_4^{2-} = PbCrO_4\downarrow$	① 在强碱性介质中，H_2O_2 将 Cr^{3+} 氧化为 CrO_4^{2-}。 ② 形成 $PbCrO_4$ 的反应必须在弱酸性(HAc)溶液中进行
Cr^{3+}	2. 按 1 法将 Cr^{3+} 氧化成 CrO_4^{2-}，用 2 mol·L^{-1} H_2SO_4 酸化溶液至 pH=2～3，加入 0.5 mL 戊醇、0.5 mL 3% H_2O_2，振荡，有机层显蓝色，示有 Cr^{3+}： $Cr_2O_7^- +4H_2O_2+2H^+ = 2H_2CrO_6+3H_2O$	① pH<1，蓝色的 H_2CrO_6 分解。 ② H_2CrO_6 在水中不稳定，故用戊醇萃取，并在冷溶液中进行，其他离子无干扰
Fe^{3+}	1. 取 1 滴 Fe^{3+} 试液放在白滴板上，加 1 滴 $K_4[Fe(CN)_6]$ 溶液，生成蓝色络合物沉淀 $Fe_4[Fe(CN)_6]_3$，示有 Fe^{3+}	① $K_4[Fe(CN)_6]$ 不溶于强酸，但被强碱分解生成氢氧化物，故反应在酸性溶液中进行。 ② 其他阳离子与试剂生成的有色化合物的颜色不及 Fe^{3+} 的鲜明，故可在其他离子存在时鉴定 Fe^{3+}。如大量存在 Cu^{2+}、Co^{2+}、Ni^{2+} 等离子，也有干扰，分离后再作鉴定
Fe^{3+}	2. 取 1 滴 Fe^{3+} 试液，加 1 滴 0.5 mol·L^{-1} NH_4SCN 溶液，形成红色溶液，示有 Fe^{3+}	① 在酸性溶液中进行，但不能用 HNO_3。 ② F^-、H_3PO_4、$H_2C_2O_4$、酒石酸、柠檬酸以及含有 α 或 β 羟基的有机酸都能与 Fe^{3+} 形成稳定的配合物而干扰。溶液中若有大量汞盐，由于形成 $[Hg(SCN)_4]^{2-}$ 而干扰。钴、镍、铬和铜盐因离子有色，或因与 SCN^- 的反应产物的颜色而降低检出 Fe^{3+} 的灵敏度

续表

阳离子	鉴定方法	条件与干扰
Fe^{2+}	1. 取 1 滴 Fe^{2+} 试液在白滴板上，加 1 滴 $K_3[Fe(CN)_6]$溶液，出现蓝色沉淀，示有 Fe^{2+}	① 本法灵敏度、选择性都很高，仅在大量重金属离子存在而 Fe^{2+} 浓度很低时现象不明显。 ② 反应在酸性溶液中进行
	2. 取 1 滴 Fe^{2+} 试液，加几滴 2.5 g · L^{-1} 邻菲罗啉溶液，生成橘红色的溶液，示有 Fe^{2+}： 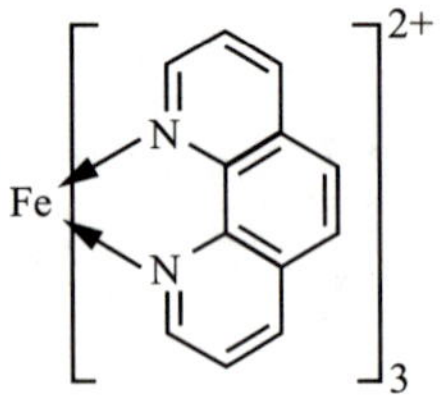 （橘红色）	① 反应在中性或微酸性溶液中进行。 ② Fe^{3+} 为橙黄色，不干扰，但在 Fe^{3+}、Co^{2+} 同时存在时不适用。10 倍量的 Cu^{2+}、40 倍量的 Co^{2+}、140 倍量的 $C_2O_4^{2-}$、6 倍量的 CN^- 干扰反应。 ③ 此法比 1 法选择性高。 ④ 如用 1 滴 $NaHSO_3$ 先将 Fe^{3+} 还原，即可用此法检出 Fe^{3+}
Mn^{2+}	取 1 滴 Mn^{2+} 试液，加 10 滴水、5 滴 2 mol · L^{-1} HNO_3 溶液，然后加固体 $NaBiO_3$，搅拌，水浴加热，形成紫色溶液，示有 Mn^{2+}	① 在 HNO_3 或 H_2SO_4 酸性溶液中进行。 ② 本组，即阳离子系统分析中的第三组（硫化铵组，含 Mn^{2+}、Fe^{2+}/Fe^{3+}、Al^{3+}、Cr^{3+}、Zn^{2+} 等）中其他离子无干扰。 ③ 还原剂（Cl^-、Br^-、I^-、H_2O_2 等）有干扰
Zn^{2+}	1. 取 2 滴 Zn^{2+} 试液，用 2 mol · L^{-1} HAc 酸化，加等体积 $(NH_4)_2Hg(SCN)_4$ 溶液，摩擦器壁，生成白色沉淀，示有 Zn^{2+}： $Zn^{2+} + Hg(SCN)_4^{2-} \xlongequal{} ZnHg(SCN)_4\downarrow$ 或在极稀的 $CuSO_4$ 溶液（<0.2 g · L^{-1}）中，加 $(NH_4)_2Hg(SCN)_4$ 溶液，再加 Zn^{2+} 试液，体积比为 1 ∶ 1。摩擦器壁，若迅速得到紫色混晶，示有 Zn^{2+}。 也可用极稀的 $CoCl_2$（<0.2 g · L^{-1}）溶液代替 Cu^{2+} 溶液，则得蓝色混晶	① 在中性或微酸性溶液中进行。 ② Cu^{2+} 形成 $CuHg(SCN)_4$ 黄绿色沉淀，少量 Cu^{2+} 存在时，形成铜锌紫色混晶更有利于观察。 ③ 少量 Co^{2+} 存在时，形成钴锌蓝色混晶，有利于观察。 ④ Cu^{2+}、Co^{2+} 含量大时有干扰，Fe^{3+} 有干扰
	2. 取 2 滴 Zn^{2+} 试液，调节溶液的 pH=10，加 4 滴TAA（硫代乙酰胺），加热，生成白色沉淀。沉淀不溶于 HAc，溶于 HCl，示有 Zn^{2+}	铜锡组、银组离子应预先分离，本组其他离子也需分离
Co^{2+}	1. 取 1～2 滴 Co^{2+} 试液，加入 4～6 滴饱和 NH_4SCN 溶液，再加 5～6 滴戊醇溶液，振荡，静置，有机层呈蓝绿色，示有 Co^{2+}	① 配合物在水中解离度大，故用浓 NH_4SCN 溶液，并用有机溶剂萃取，增强它的稳定性。 ② Fe^{3+} 有干扰，加 NaF 掩蔽。大量 Cu^{2+} 也干扰。大量 Ni^{2+} 存在时溶液呈浅蓝色，干扰反应

续表

阳离子	鉴定方法	条件与干扰
Co^{2+}	2. 取 1 滴 Co^{2+} 试液在白滴板上，加 1 滴钴试剂，有红褐色沉淀生成，示有 Co^{2+}。钴试剂为 1-亚硝基-2-萘酚，有互变异构体，与 Co^{2+} 形成螯合物，Co^{2+} 转变为 Co^{3+} 是由于试剂本身起着氧化剂的作用，也可能发生空气氧化 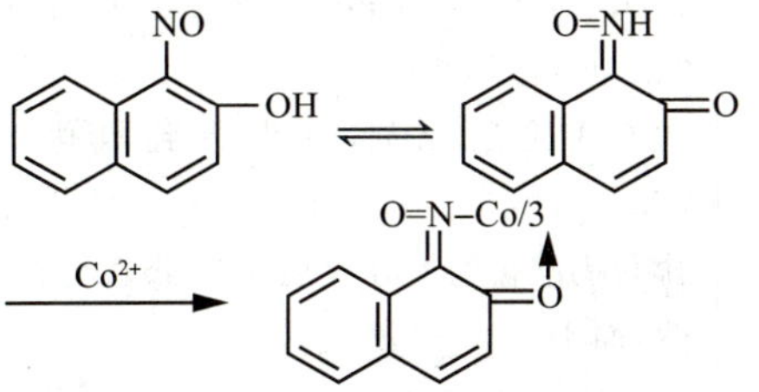 	① 在中性或弱酸性溶液中进行，沉淀不溶于强酸。 ② 试剂须新鲜配制。 ③ Fe^{3+} 与试剂生成棕黑色沉淀，溶于强酸，消除它的干扰可通过加 Na_2HPO_4 掩蔽，Cu^{2+}、Hg^{2+} 及其他金属有干扰
Ni^{2+}	取 1 滴 Ni^{2+} 试液放在白滴板上，加 1 滴 6 mol·L^{-1} 氨水，加 1 滴丁二酮肟，稍等片刻，在凹槽四周形成红色沉淀，示有 Ni^{2+} 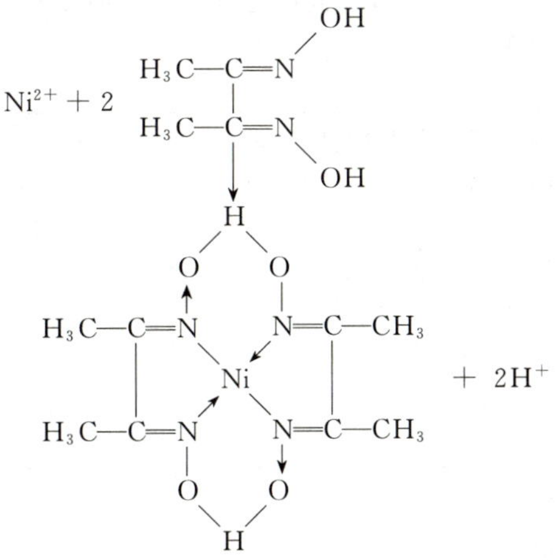 	① 在氨性溶液中进行，但氨不宜太多。沉淀溶于酸、强碱，故合适的酸度为 pH=5～10。 ② Fe^{2+}、Pd^{2+}、Cu^{2+}、Co^{2+}、Fe^{3+}、Cr^{3+}、Mn^{2+} 等干扰，可先把 Fe^{2+} 氧化成 Fe^{3+}，加柠檬酸或酒石酸掩蔽 Fe^{3+} 和其他离子
Cu^{2+}	1. 取 1 滴 Cu^{2+} 试液，加 1 滴 6 mol·L^{-1} HAc 酸化，加 1 滴 $K_4[Fe(CN)_6]$ 溶液，红棕色沉淀出现，示有 Cu^{2+} $2Cu^{2+}+[Fe(CN)_6]^{4-}$ ══ $Cu_2[Fe(CN)_2](s)$ 2. 取 2 滴 Cu^{2+} 试液，加吡啶(C_5H_5N)使溶液显碱性，首先生成 $Cu(OH)_2$ 沉淀，后溶解得 $[Cu(C_5H_5N)_2]^{2+}$ 的深蓝色溶液；加几滴 0.1 mol·L^{-1} NH_4SCN 溶液，生成绿色沉淀；加 0.5 mL 氯仿，振荡，得绿色溶液，示有 Cu^{2+}： $Cu^{2+}+2SCN^{-}+2C_5H_5N$ ══ $[Cu(C_5H_5N)_2(SCN)_2](s)$	① 在中性或弱酸性溶液中进行。如试液为强酸性，则用 3 mol·L^{-1} NaAc 调至弱酸性后进行。沉淀不溶于稀酸，溶于氨水，生成 $[Cu(NH_3)_4]^{2+}$，与强碱生成 $Cu(OH)_2$。 ② Fe^{3+} 以及大量的 Co^{2+}、Ni^{2+} 会干扰

续表

阳离子	鉴定方法	条件与干扰
Pb^{2+}	取2滴Pb^{2+}试液，加2滴0.1 mol·L^{-1} K_2CrO_4溶液，生成黄色沉淀，示有Pb^{2+}	① 在HAc溶液中进行，沉淀溶于强酸，溶于碱则生成PbO_2^{2-}。 ② Ba^{2+}、Bi^{3+}、Hg^{2+}、Ag^+等干扰
Hg^{2+}	1. 取1滴Hg^{2+}试液，加1 mol·L^{-1} KI溶液，使生成沉淀后又溶解，加2滴KI-Na_2SO_3溶液和2～3滴Cu^{2+}溶液，生成橘黄色沉淀，示有Hg^{2+}： $Hg^{2+}+4I^-$ ══ HgI_4^{2-} $2Cu^{2+}+4I^-$ ══ $2CuI(s)+I_2$ $2CuI+HgI_4^{2-}$ ══ $Cu_2HgI_4+2I^-$ 反应生成的I_2由Na_2SO_3除去	① Pd^{2+}因有下面的反应而干扰： $2CuI+Pd^{2+}$ ══ PdI_2+2Cu^+，产生的PdI_2使CuI变黑。 ② CuI是还原剂，须考虑到氧化剂的干扰(Ag^+、Hg^{2+}、Au^{3+}、Pt^{IV}、Fe^{3+}、Ce^{IV}等)。钼酸盐和钨酸盐与CuI反应生成低氧化物(钼蓝、钨蓝)而干扰
	2. 取2滴Hg^{2+}试液，滴加0.5 mol·L^{-1} $SnCl_2$溶液，出现白色沉淀，继续加过量$SnCl_2$，不断搅拌，放置2～3 min，出现灰色沉淀，示有Hg^{2+}	① 凡与Cl^-能形成沉淀的阳离子应先除去。 ② 能与$SnCl_2$起反应的氧化剂应先除去。 ③ 这一反应同样适用于Sn^{2+}的鉴定
Sn^{4+} Sn^{2+}	1. 取2～3滴Sn^{4+}试液，加镁片2～3片，不断搅拌，待反应完全后加2滴6 mol·L^{-1} HCl，微热，此时Sn^{4+}还原为Sn^{2+}，鉴定按2进行。 2. 取2滴Sn^{2+}试液，加1滴0.1 mol·L^{-1} $HgCl_2$溶液，生成白色沉淀，示有Sn^{2+}	反应的特效性较好
Ag^+	取2滴Ag^+试液，加2滴2 mol·L^{-1} HCl，搅动，水浴加热，离心分离。在沉淀上加4滴6 mol·L^{-1}氨水，微热，沉淀溶解，再加6 mol·L^{-1} HNO_3酸化，白色沉淀重新出现，示有Ag^+	

2. 阴离子的鉴定

阴离子	鉴定方法	条件与干扰
SO_4^{2-}	试液用6 mol·L^{-1} HCl酸化，加2滴0.5 mol·L^{-1} $BaCl_2$溶液，白色沉淀析出，示有SO_4^{2-}	

续表

阴离子	鉴定方法	条件与干扰
SO_3^{2-}	1. 取 1 滴 $ZnSO_4$ 饱和溶液，加 1 滴 $K_4[Fe(CN)_6]$ 于白滴板中，即有白色 $Zn_2[Fe(CN)_6]$ 沉淀产生；继续加入 1 滴 $Na_2[Fe(CN)_5NO]$ 和 1 滴 SO_3^{2-} 试液（中性），则白色沉淀转化为红色 $Zn_2[Fe(CN)_5NOSO_3]$ 沉淀，示有 SO_3^{2-}	① 酸能使沉淀消失，故酸性溶液必须以氨水中和。 ② S^{2-} 有干扰，必须除去
	2. 在验气装置中进行，取 2～3 滴 SO_3^{2-} 试液，加 3 滴 3 mol·L^{-1} H_2SO_4 溶液，将放出的气体通入0.1 mol·L^{-1} $KMnO_4$ 酸性溶液中，溶液褪色，示有 SO_3^{2-}	$S_2O_3^{2-}$、S^{2-} 有干扰
$S_2O_3^{2-}$	1. 取 2 滴试液，加 2 滴 2 mol·L^{-1} HCl 溶液，加热，白色浑浊出现，示有 $S_2O_3^{2-}$	
	2. 取 3 滴 $S_2O_3^{2-}$ 试液，加 3 滴 0.1 mol·L^{-1} $AgNO_3$ 溶液，摇动，白色沉淀迅速变黄、变棕、变黑，示有 $S_2O_3^{2-}$： $2Ag^+ + S_2O_3^{2-} = Ag_2S_2O(s)$ $Ag_2S_2O_3 + H_2O = H_2SO_4 + Ag_2S(s)$	① S^{2-} 干扰。 ② $Ag_2S_2O_3$ 溶于过量的硫代硫酸盐中
S^{2-}	1. 取 3 滴 S^{2-} 试液，加稀 H_2SO_4 酸化，用 $Pb(Ac)_2$ 试纸检验放出的气体，试纸变黑，示有 S^{2-}	
	2. 取 1 滴 S^{2-} 试液于白滴板上，加 1 滴 $Na_2[Fe(CN)_5NO]$ 试剂，生成 $Na_4[Fe(CN)_5NOS]$，溶液变紫色，示有 S^{2-}	在酸性溶液中，$S^{2-} \rightarrow HS^-$ 而不产生颜色，加碱则颜色出现
CO_3^{2-}	如下图装配仪器，调节抽水泵，使气泡能一个一个进入 NaOH 溶液（每秒 2～3 个气泡）。分开乙管上与水泵连接的橡皮管，取 5 滴 CO_3^{2-} 试液、10 滴水放在甲管，并加入 1 滴 3% H_2O_2 溶液、1 滴 3 mol·L^{-1} H_2SO_4。乙管中装入约 1/4 $Ba(OH)_2$ 饱和溶液，迅速把塞子塞紧，把乙管与抽水泵连接起来，使甲管中产生的 CO_2 随空气通入乙管与 $Ba(OH)_2$ 作用，如 $Ba(OH)_2$ 溶液出现浑浊，示有 CO_3^{2-} 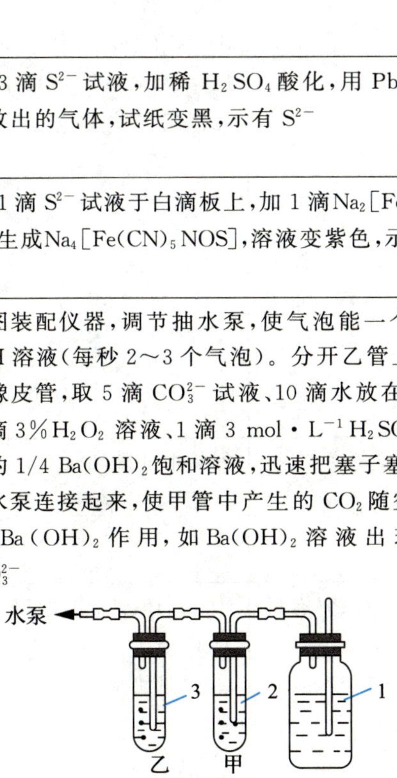 验气装置 1—NaOH溶液；2—试液；3—$Ba(OH)_2$溶液	① 当过量的 CO_2 存在时，$BaCO_3$ 沉淀可能转化为可溶性的酸式碳酸盐。 ② $Ba(OH)_2$ 极易吸收空气中的 CO_2 而变浑浊，故须用澄清溶液，迅速操作，得到较浓厚的沉淀方可判断 CO_3^{2-} 存在，初学者可做空白试验对照。 ③ SO_3^{2-}、$S_2O_3^{2-}$ 妨碍鉴定，可预先加入 H_2O_2 或 $KMnO_4$ 等氧化剂，使 SO_3^{2-}、$S_2O_3^{2-}$ 氧化成 SO_4^{2-}，再作鉴定

续表

阴离子	鉴定方法	条件与干扰
PO_4^{3-}	1. 取 3 滴 PO_4^{3-} 试液，加氨水至呈碱性，加入过量镁铵试剂；如果没有立即生成沉淀，用玻璃棒摩擦器壁，放置片刻，析出白色晶状沉淀 $MgNH_4PO_4$，示有 PO_4^{3-}	① 在 $NH_3 \cdot H_2O$-NH_4Cl 缓冲溶液中进行，沉淀能溶于酸，但碱性太强可能生成 $Mg(OH)_2$ 沉淀。 ② 可与 AsO_4^{3-} 反应生成相似的沉淀（$MgNH_4AsO_4$），浓度不太大时不生成
	2. 取 2 滴 PO_4^{3-} 试液，加入 8～10 滴钼酸铵试剂，用玻璃棒摩擦器壁，黄色磷钼酸铵生成，示有 PO_4^{3-}： $PO_4^{3-}+3NH_4^{+}+12MoO_4^{2-}+24H^{+}$ ══ $(NH_4)_3PO_4+12MoO_3 \cdot 6H_2O(s)+6H_2O$	① 沉淀溶于过量磷酸盐生成配阴离子，需加入大量过量试剂，沉淀溶于碱及氨水中。 ② 还原剂的存在使 Mo(Ⅵ) 还原成“钼蓝”而使溶液呈深蓝色。大量 Cl^- 存在会降低灵敏度，可先将试液与浓 HNO_3 一起蒸发，除去过量 Cl^- 和还原剂。 ③ AsO_4^{3-} 有类似的反应，SiO_3^{2-} 可与试剂形成黄色的硅钼酸，加酒石酸可消除干扰。 ④ 与 $P_2O_7^{4-}$、PO_3^- 的冷溶液无反应，煮沸时由于 PO_4^{3-} 的生成而出现黄色沉淀
Cl^-	取 2 滴 Cl^- 试液，加 6 $mol \cdot L^{-1}$ HNO_3 酸化，加 0.1 $mol \cdot L^{-1}$ $AgNO_3$ 至沉淀完全，离心分离。在沉淀上加 5～8 滴银氨溶液，搅动，加热，沉淀溶解，再加 6 $mol \cdot L^{-1}$ HNO_3 酸化，白色沉淀重新出现，示有 Cl^-	
Br^-	取 2 滴 Br^- 试液，加入数滴 CCl_4，滴入氯水，振荡，有机层显红棕色或金黄色，示有 Br^-	如氯水过量，生成 BrCl，使有机层显淡黄色
I^-	1. 取 2 滴 I^- 试液，加入数滴 CCl_4，滴加氯水，振荡，有机层显紫色，示有 I^-。 2. 在 I^- 试液中，加 HAc 酸化，再加 0.1 $mol \cdot L^{-1}$ $NaNO_2$ 溶液和 CCl_4，振荡，有机层显紫色，示有 I^-	① 在弱碱性、中性或酸性溶液中，氯水将 $I^- \rightarrow I_2$。 ② 过量氯水将 $I_2 \rightarrow IO_3^-$，有机层紫色褪去。 ③ Cl^-、Br^- 对反应不干扰

续表

阴离子	鉴定方法	条件与干扰
NO_2^-	1. 取1滴 NO_2^- 试液，加 6 mol·L^{-1} HAc 酸化，再加1滴对氨基苯磺酸、1滴 α-萘胺，溶液显红紫色，示有 NO_2^-：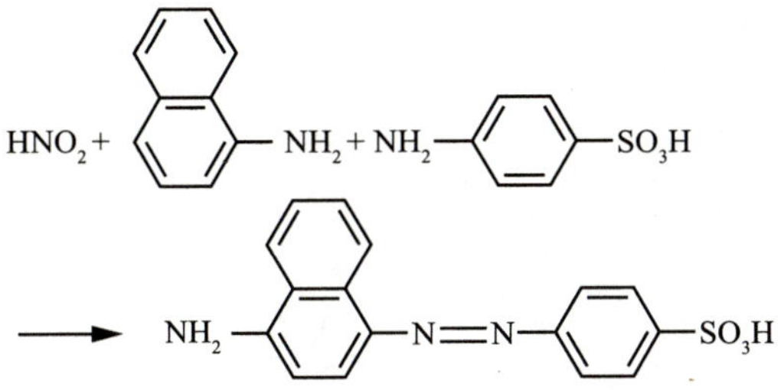	① 反应的灵敏度高，选择性好。 ② NO_2^- 浓度大时，红紫色很快褪去，生成褐色沉淀或黄色溶液
	2. 同 I^- 的鉴定方法2。试液用 HAc 酸化，加 0.1 mol·L^{-1} KI 和 CCl_4，振荡，有机层显红紫色，示有 NO_2^-	
NO_3^-	1. 当 NO_2^- 不存在时，取3滴 NO_3^- 试液，用 6 mol·L^{-1} HAc 酸化，再加2滴，加少许镁片搅动，NO_3^- 被还原为 NO_2^-；取2滴上层溶液，按照 NO_2^- 的鉴定方法进行鉴定	
	2. 当 NO_2^- 存在时，在 12 mol·L^{-1} H_2SO_4 溶液中加入 α-萘胺，生成淡红紫色化合物，示有 NO_3	
	3. 棕色环的形成：在小试管中滴加10滴饱和 $FeSO_4$ 溶液和5滴 NO_3^- 试液，然后斜持试管，沿着管壁慢慢滴加浓 H_2SO_4。由于浓 H_2SO_4 密度比水大，沉到试管下面形成两层，在两层液体接触处（界面）有一棕色环（配合物 $Fe(NO)SO_4$ 的颜色），示有 NO_3^-： $3Fe^{2+}+NO_3^-+4H^+ \xlongequal{} 3Fe^{3+}+NO+H_2O$ $Fe^{2+}+NO+SO_4^{2-} \xlongequal{} Fe(NO)SO_4$	NO_2^-、Br^-、I^-、CrO_4^{2-} 有干扰，Br^-、I^- 可用 AgAc 除去，CrO_4^{2-} 用 $Ba(Ac)_2$ 除去，NO_2^- 用尿素除去： $2NO_2^-+CO(NH_2)_2+2H^+ \xlongequal{} CO_2\uparrow+2N_2\uparrow+3H_2O$